친절한
화학
교과서

유수진 지음
MBC, KBS, EBS 등에서 방송작가로 십수 년간 활동하면서 의학 다큐멘터리, 컴퓨터 퀴즈쇼, 정치 토론 등 다양한 프로그램의 대본을 써 왔다. 글을 쓰는 게 직업이면서도 수학과 과학을 좋아하고 틈만 나면 최신 퍼즐 및 퀴즈 등을 푸는 멘사 회원이다. 지은 책으로 『공식에서 자유로운 수학』(공저)등이 있다.

반성희 그림
프리랜서 일러스트레이터로 활동 중이며, 그림을 그린 책으로 『도련님』『난 뭐든지 금방 싫증나!』『하얀 스케이트』『더더 더순이와 덜덜 덜식이』『자꾸 아파서 미안해』 등이 있다.
(블로그: http://vanholic.blog.me)

김형진 감수
고려대 물리학과를 졸업하고 동 대학원에서 비선형동역학 및 생물물리를 전공했다. 이후 서울대 물리교육학과를 졸업하여 현재 대원국제중학교 교사로 재직하고 있다. '신나는 과학을 만드는 사람들' 연구위원이자 '한국거대사연구회' 이사로 활동하면서 학교 현장에서 거대사를 가르치고 있을 뿐 아니라 '빅히스토리' 시리즈의 출판에 참여하고 있다. 지은 책으로 『19인의 아프리카』(공저), 『What am I?』가 있다.

친절한 화학 교과서

2013년 11월 25일 초판 1쇄 발행 | 2021년 3월 19일 초판 3쇄 발행

지은이 유수진
펴낸곳 부키(주)
펴낸이 박윤우
등록일 2012년 9월 27일 등록번호 제312-2012-000045호
주소 03785 서울 서대문구 신촌로3길 15 산성빌딩 6층
전화 02) 325-0846
팩스 02) 3141-4066
홈페이지 www.bookie.co.kr
이메일 webmaster@bookie.co.kr
제작대행 올인피앤비 bobys1@nate.com
ISBN 978-89-6051-342-6 13590

책값은 뒤표지에 있습니다. 잘못된 책은 구입하신 서점에서 바꿔 드립니다.

* 이 책에 쓰인 사진은 저자가 직접 찍었거나 포토스닷컴(photos.com)에서 구입했거나 위키미디어(Wikimedia Commons)에서 가져왔습니다. 위키미디어 사진 중 몇 개는 저작권자를 다음과 같이 명기합니다. (41쪽 퐁듀 사진 ⓒ663highland, 49쪽 초전도체 스-진 ⓒMariusz.stepien, 170쪽 음극선 실험 사진 ⓒZatonyi Sandor, (ifj.))

괴짜 엄마가 들려주는
흥미진진 화학 세계
친절한 화학 교과서

유수진 지음 | 반성희 그림 | 김형진 감수

부·키

추천의 글
괴짜 엄마가 들려주는 흥미진진 화학 이야기

김형진(대원국제중학교 과학 교사)

"안녕하세요, 선생님. 제가 책을 쓰고 있는데, 선생님께서 감수를 해 주시면 감사하겠습니다."

 저자를 처음 만났을 때 평소 뵙던 학부모님들과는 조금 다른 느낌을 받았습니다. 가식이 없고 좋아하는 것에 대한 열정을 그대로 드러내는 모습에서 호기심 많은 학생과도 같은 순수함을 느낄 수 있었습니다. 방송 프로그램을 만드는 분이 과학책을 쓴다는 것이 놀랍기도 했지만, 제가 가르치는 학생의 학부모가 학생 상담이 아닌 책 상담으로 찾아온다는 것도 신기했습니다. 어떻게 보면 '괴짜'라는 표현이 여기서 나온 것 같습니다. 형식이나 규정에 얽매이지 않고 마음 가는 대로 움직이고 행동하는 것. 어쩌면 요즘 우리들은 이것도 안 돼, 저것도 안 돼 하면서 규격화된 삶을 강요받고 상상력조차도 강요당하며 임의로 주입하는 시대를 살고 있는 게 아닌가 하는 생각이 듭니다. 그런 정형화(기계화)된 사람들 속에서 마음이 움직이는 대로, 영혼이 원하는 대로 움직이는 지극히 정상적인 분을 제가 찾아낸 것일지도 모릅니다.

  학교에서 저자를 만나 대화를 나누고 또 원고를 읽어 보면서, 저자의 과학적 호기심과 자신이 알고 있는 경험과 지식을 바탕으로 세상을 이루는 물질에 대해 더 자세히 설명하고 이해시키고자 노력하는 학구열과 순수한 열정을 느낄 수 있습니다. 이러한 마음과 자세로 쓰인 책들이 학생들을 위해 많이 나와야 하는데, 시중에는 문제 하나 더 맞추고자 하는 이들의 수요에 맞춰 알맹이가 빠진 문제풀이와 개별적 지식의 나열에 초점을 맞춘 책이 가득한 것 같습니다.

  제가 고등학교에서 물리를 가르치다 대원국제중학교에서 첫해를 시작하며 학교 교재를 개발할 때 일입니다. 중학교 과학 교과서를 펼쳤는데, 학년에 상관없이 물리, 화학, 생물, 지구과학을 각각 3등분하여 학년별로 네 과목이 균등하게 배분되어 있었습니다. 단원 간에 아무런 연관성이 없음은 물론입니다. 저도 과거에 그와 유사한 교과서로 공부했음에도 교재를 새로 만들려는 입장에서 교과서 구성을 뜯어보니 마냥 어색하게 느껴졌습니다. 2009년, 국제중 과학 교재를 만들며, 초심으로 돌아가 과학을 배우는 의미를 다시 생각하게 되었습니다.

  "과학이란 무엇일까? 꼭 배워야 하는 것일까?"

  이에 대한 고민은 결국 삶의 문제로 이어졌습니다. 나는 어떤 존재이고 어떤 세상을 살아가는지, 그래서 어떻게 살아야 행복할지를 생각하게 되었고, 그와 동시에 세상을 살아가는 지혜를 알려 주는 것이 과학의 역할이라고 여겨졌습니다. 그래서 국제중 과학 교재의 제

목을 『What am I?』로 달고, 'Where am I?', 'What makes me?', 'What makes me alive?', 'What makes me as I am?'이란 4개의 소단원 하에 교과 내용을 담았습니다.

국제중 첫 수업 때 저는 학생들에게서 학업의 대한 열정과 호기심을 보았습니다. 하지만 중간고사, 기말고사를 거치며 학생들의 반응이 점차 변하기 시작했습니다. 학생들에게 필요한 것은 지식이나 지혜가 아니라 점수였습니다. 많은 학생들이 '학문의 즐거움'이 아닌 '점수의 즐거움'으로 공부했습니다. 학부모님들은 한결같이 아이가 집에서 스스로 공부한다고 말했지만, 학생들을 통해서 듣는 실상은 달랐습니다. 특목고를 가기 위해 선행 학습을 하거나 친구들과의 내신 경쟁에서 우위를 차지하기 위해 사 벽까지 학원에 다닌다는 것입니다. 더욱이 학교에서는 사교육을 줄이기 위해 학원과 다른 방식으로 수업을 하고 학원에서 가르치지 않는 유형으로 시험 문제를 내지만, 학부모님들은 오히려 학교가 사교육을 유발한다며 학교 수업 방식을 바꾸라고 강요했습니다. 교과서에 있는 것만 가르치라며, 교과서 내용에 대한 깊이 있는 부연 설명조차도 거부했습니다. 공부할 게 늘어난다는 이유입니다. 그리고 그것이 역으로 안정적인 학원 교육을 유도했지요.

국제중 5년째, 저는 다시 교과서로 돌아와 개념에 충실한 수업을 하고 있습니다. 시험을 치면 학생들은 어려운 문제는 잘 풀지만, 정작 그 내용의 핵심과 우리의 삶에 어떻게 활용할지에 대해서는 잘 모르는 경우가 많습니다. 스스로 생각해 보거나 '왜 그렇지?'라는 사고 과정 없이 교사가 혹은 책이 알려 주는 지식들만 그대로 암기하고 바로 문제를 풀려고 하기 때문입니다. 오히려 왜 그런지 생각을 유도하면 적응을 못하고 반발을 합니다. 시험에 나오면 큰일 나니까요. 이런 교육의 결과,

"화학을 통해 병든 사람을 고치고, 우주로 날아갈 수 있다는 것을 알고 있나요?"

라고 물으면 많은 학생들이 '무슨 말도 안 되는 소리를 하세요?' 하는 표정을 짓습니다.

화학은 세상을 이루는 물질을 다루는 학문입니다. 하늘과 땅은 물론 우리가 사는 집과 옷, 음식, 그리고 생명을 만드는 재료의 속성을 알고 우리의 삶에 이용하고자 하는 학문입니다. 땅에서 생명체를 만드는 재료가 나오고 우리를 보호할 재료들이 나옵니다. 생명 현상을 유지하는 에너지 역시 물질을 통해 저장되고 빼내어 쓸 수 있습니다. 태양에너지를 식물이 포도당으로 저장하고, 동물은 산소의 도움으로 포도당의 에너지를 빼내어 쓴 후 물과 이산화탄소로 분해하는 것이지요. 나아가 재료와 물질에 담긴 정보(DNA)를 분석해 만든 식량, 생명체가 필요로 하는 약과 생체 조직을 만들어 내고 우주공간에서 인간의 생명을 보호할 방어막도 만들어 냅니다.

많은 학생들이 난 의사가 될 거니까, 난 에너지를 연구할 거니까, 농사를 지으며 살 거니까 화학은 대학을 들어갈 때 필요한 점수가 아니라면 몰라도 될 것으로 생각합니다. 하지만 물질의 특성을 이해하고 활용할 수 있는 사람들이 신약 개발과 질병의 치료, 물질에 효

율적으로 에너지를 담는 법, 우수한 품질의 식물을 생산하는 법을 통해 혁신과 풍요를 만들어 가치를 창조하며 앞선 삶을 살고 있음을 알아야 할 것입니다.

　이 책은 인간의 근본 속성인 호기심에 충실한 저자가 중학교 화학 내용을 재미있는 이야기로 하나하나 풀어쓴 책입니다. 가장 기초적이지만 가장 핵심이 되는 내용을 팅커벨처럼 조곤조곤 내 머리 옆에 달라붙어 이야기합니다. 최근 들어 과학 과목에서 실험을 중시하면서 종종 내용의 전체 흐름은 어디론가 사라지고 재미난 실험 자체로 수업이 끝나 버리는 경우가 있는데, 이 책은 그럴 때 놓칠 수도 있는 화학의 흐름을 잘 잡아 주고 있습니다. 화학에 대한 기초가 없는 중학생이나 고등학생, 일반인에게도 화학의 기본 개념을 잡는 데 충실한 길잡이 역할을 할 것입니다.
　그저 읽고 끝내는 것이 아닌 일상 속의 경험과 사고를 바탕으로 화학 개념과 내용을 설명하고 있기에 살아가는 데 필요한 지혜가 될 거라고 생각되어, 이 책을 많은 이들에게 추천하는 바입니다.

저자의 글
화학은 언제 시작해도 결코 늦은 게 아닙니다

사람들이 저더러 괴짜라고 합니다. 괴짜란 글자 그대로 해석하면 괴상한 짓을 잘하는 사람으로 보통 사람과 다르다는 뜻입니다.

'내가 괴짜라고? 어른들에게 인사도 잘하고 차림새도 튀지 않고 공공질서도 잘 지키는 보통 사람인데 왜 괴짜라는 거야?' 그런데 저를 괴짜라 하는 가족들 또는 주변 친구들의 반응은, 아줌마가 밤낮 퍼즐에 빠져 있고 틈만 나면 자기가 본다며 과학책을 바리바리 사들이고 스트레스 받는다며 수학 문제집 펴고 앉아 있는 건 결코 '보통'이라 할 수 없대요. 학교 선생님도 아니면서 말이죠.

제가 아직까지도 과학책을 좋아하고 이런저런 문제 푸는 걸 좋아하는 이유는 하나입니다. '재미'. 특히 화학은 외우는 거 질색인 제게는 너무나 착한 과목입니다. 정해진 규칙이 있고, 그 길만 따라가면 답이 나옵니다. 기본 개념만 제대로 익히면 크게 신경 쓸 일이 없죠. 대학에서도 화학을 열심히 공부했기 때문에 주변 사람들은 제가 당연히 과학 선생님이 될 거라 생각했습니다. 그런데 대학을 졸업하자마자 방송작가가 되었지요. 그때부터 저를 괴짜라고 부르는 사람들이 하나, 둘 생기기 시작했던 것 같습니다.

　제가 글 쓰는 걸 좋아하는 이유는 과학을 좋아하는 이유와 비슷합니다. 방송작가에게는 중요한 원칙이 하나 있답니다. 그건 "시청자가 초등학교 5학년이라고 생각하고 글을 쓰라."입니다. 모두가 쉽게 알아듣게끔 글을 써야 한다는 뜻입니다. 일례로 암에 대한 다큐멘터리 방송 대본을 쓰기 위해 저는 밤낮으로 암세포의 구조 및 성질에 대해 공부하고 의사들을 만나 전이 및 치료 과정을 조사하는 한편 병동에 머물며 환자들의 생활 및 하루 식단까지 꼼꼼히 들여다보며 암에 대한 정보를 완전히 제 것으로 만들어야 했습니다. 그런 후에야 비로소 시청자가 쉽게 이해하고 공감할 수 있는 글을 쓸 수 있었지요.

　새로운 것을 만나면 이리저리 뜯어보고 살펴보며 알아 나가는 과정, 그게 방송 글과 과학의 공통점이자 매력인 것 같습니다.

　미국에서 영재반 아이들과 수업을 할 때도 마찬가지였습니다. 영어도 잘 못하는 제가 미국 아이들에게 수학과 과학을 가르친다니까 사람들이 엄청 신기해하더라고요. 그런데 말이죠, 원리를 설명하는 데는 그렇게 어려운 단어들이 필요 없답니다. 오히려 어렵고 복잡한 내용일수록 쉬운 말로 간단하게 설명해 줘야 아이들은 물론이고 어른들도 충분히 이해할 수 있지요. 쉬운 글과 설명이 과학이나 수학을 이해하는 데 도움을 주고 아이들을 즐겁게 해 준다는 걸 알게 되면서, 제가 좋아하는 화학에 대한 책을 쓰고 싶다는 생각을 했습니다.

사실 저는 오래전에 이 책과 비슷한 글을 써 본 적이 있습니다. 저의 고3 동생이 이상하게도 화학을 어려워해서 늘 절반에 가까운 점수를 받았었거든요. 동생에겐 화학이 낯선 부호와 수식이 잔뜩 쓰여 있는 외계어였습니다. 그러자 부모님은 화학을 전공하던 제게 동생의 성적을 책임지라 명하셨고, 저는 밤마다 동생을 앉혀 놓고 개인 교습에 들어갔습니다. 하지만 동생을 가르친다는 건, 동생에게도 제게도 고역이었어요.

그래서 노트 한 권을 구입했습니다. 교과서를 펼쳐 들고 동생에게 설명해 준다는 상상을 하며 밤낮으로 노트를 채워 나갔습니다. 며칠 후 그 노트를 동생에게 슬며시 건네주었습니다. 몇 장 넘겨보던 동생의 얼굴이 환해졌고, 그해 동생은 화학에서 1점 모자라는 만점을 받고 대학에 들어갔습니다. 그때 저는 깨달았죠.

"아, 화학은 언제 시작해도 결코 늦은 게 아니구나."

어느덧 시간은 흐르고, 이제 제 옆에는 중학생 딸아이가 있습니다.

요즘 아이들, 많이 바쁩니다. 그래서일까요? 과학 시험, 그중에서도 특히 화학은 눈앞에 다가오면 일단 다 외웠다가 시험이 끝나면 싹 잊어버립니다. 그러고는 다시 외워요. 이렇게 두어 번 되풀이하다 보면 어느 순간부터 선생님의 말씀이 머릿속에 잘 안 들어옵니다. 화학이 외계어가 되어 버리는 겁니다.

교과서도 아쉽긴 마찬가지입니다. 딱딱한 이론 수업을 지양한다는 명분하에 기본 개념은 소개 수준에 그치기 일쑤입니다. 학원은 몇몇

우등생을 위해 저만치 앞에서 내달리고 있고요. 그 사이에서 대부분의 아이들은 홀로 열심히 개념을 찾아 헤맵니다.

인터넷 포털을 열고 '과학 질문'이라는 검색어를 쳐 보면 초등과학부터 고등과학에 이르는 수많은 질문들 밑에 "저는 왕초보예요", "제발 쉽게 얘기해 주세요", "저에게 처음부터 설명해 주실 분 안 계신가요?" 하는 간절한 호소가 덧붙어 있습니다. 그러다가 누군가 친절한 답변을 달아 주면 "아, 이제 알았습니다", "머리가 시원하게 뚫리네요" 하며 기뻐합니다.

제 아이 또한 예외가 아니었습니다. 문제는 풀 수 있으면서 "왜?"라고 물으면 선뜻 대답하지 못하고 화학을 까다로운 공부라고 여기는 아이를 보면서, 이번엔 내 아이를 위한 화학책을 쓰고 싶다는 생각을 하게 되었습니다.

그래서 이 책을 쓰는 내내 아이들을 생각하며 책의 수준도 아이들 눈높이에 맞추고, 내용 설명도 대화를 하듯 쉽고 즐겁게 풀어 나가기 위해 최선을 다했습니다. 한 꼭지, 한 꼭지 마무리할 때마다 딸아이와 함께 읽고 이야기하며 뭘 재미있어 하는지, 어떻게 이야기하면 더 금방 알아듣는지 확인하고 아이 입장에서 문제를 풀어 보기도 했습니다.

이 책에는 복잡한 수식이나 고난이도 문제는 없습니다. 그렇다고 흥미 위주의 화학 이야기들만 잔뜩 늘어놓지도 않았습니다. 화학이 궁금한데 뛰어들 용기가 나지 않거나 화학의 기본 개념을 알고 싶은데 가르쳐 줄 사람이 없는 친구들, 화학은 배울수록 어렵다고 느끼는 친구들이 이 책을 읽어 줬으면 합니다. 제가 그랬듯이 또 제가 가르쳤던 아이들이 그랬듯이, 화학이 재미있게 느껴지기 시작할 겁니다.

동생을 위해 화학 노트를 만들었던 이야기를 하다 "그거 재미있겠는데요?"라며 책 출간을 제안해 준 출판사 분들, 그리고 "과연 괴짜 엄마답게 또 일을 벌이는군요." 하다가도 책 쓰는 내내 엄마를 도와준 딸아이에게 감사의 인사를 전합니다.

2013년 11월

유수진

차례

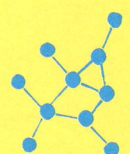

추천의 글 괴짜 엄마가 들려주는 흥미진진 화학 이야기 4
저자의 글 화학은 언제 시작해도 결코 늦은 게 아닙니다 9

들어가는 글 화학이 뭘까? 20

1장 고체, 액체, 기체
1 물질은 3가지 상태 중 하나로 존재해요 29 2 물질의 상태는 바뀌어요 32
3 분자는 움직여요 35 4 물질의 상태 변화에는 어떤 것이 있을까? 38
5 상평형이 뭐예요? 47 [read] 유레카! 새로운 상태를 발견하다 49
[check] 문제 풀며 확인하기 52

2장 분자의 운동
1 증발과 끓음은 뭐가 다른 거죠? 57 2 분자가 다른 분자 사이로 퍼져 들어가요 60
3 밀가루 반죽을 손으로 눌러 봐요 64 4 우리는 언제 어디서나 공기의 압력을 받고 있어요 67
5 보일의 법칙 70 6 샤를의 법칙 74 [read] 화학의 아버지, 보일 81
[check] 문제 풀며 확인하기 83

3장 물질의 상태 변화와 열에너지
1 열에너지란? 87　2 물질의 상태가 변화해요 90　3 열에너지를 흡수하는 상태 변화 94
[read] 책이 젖었을 때는 냉동실에서 말려라! 99　4 열에너지를 방출하는 상태 변화 100
5 물질의 상태 변화와 주변 온도 변화 104　[read] 물이 변하면 날씨도 변해요 110
[check] 문제 풀며 확인하기 112

4장 열에너지
1 열은 분자의 운동에서 나와요 117　2 열은 끊임없이 옮겨 다녀요 119
3 열은 3가지 방법으로 이동해요 123
[read] 세상에서 가장 낮은 온도와 가장 높은 온도는? 132
4 열에너지의 양은 어떻게 측정할까? 134　5 한 번 더! 열팽창이란? 142
[read] 지구가 점점 뜨거워져요 149　[check] 문제 풀며 확인하기 151

5장 원자
1 물질은 무엇으로 이루어져 있을까? 155　2 모든 물질의 기본은 원자다 160
3 원소의 이름은 어떻게 정해졌을까? 165　4 알고 보니, 원자는 건포도빵이었어요 169
5 사실, 원자는 텅 비어 있대요 172　6 전자는 정해진 길을 따라 돌아야 해요 180
7 현대의 원자 모형은 두둥실~ 전자구름이에요 184　8 원자의 구조와 화학적 성질 186
[read] 작을수록 맵다, 핵분열 189　[check] 문제 풀며 확인하기 192

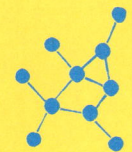

6장 이온, 이온, 이온
1 원자 속까지 들어가 봐요 **197** 2 이온은 원자에서 만들어져요 **201**
3 이온? +, −와 숫자만 있으면 돼요 **204** 4 왜 원자는 이온이 되려고 하나요? **208**
5 양이온이 될지 음이온이 될지, 척 보면 알아요 **213**
6 주기율표가 원소들의 성격을 말해 줘요 **217**
[read] 린스를 하면 왜 머리가 부드러워질까? **223** [check] 문제 풀며 확인하기 **226**

7장 화합물과 화학식
1 물질, 분류할 수 있어야 헷갈리지 않아요 **231** 2 헷갈리지 말아요, 혼합물과 화합물 **236**
3 혼합물은 상태가 바뀔 때 온도가 변해요 **239**
4 알파벳 속에 물질의 정체가 숨어 있어요 **242** 5 불안정한 원자는 누군가가 필요해~ **245**
6 서로 다른 모습에 확 끌려요 **248** 7 부족한 만큼 함께 나누며 살아가요 **254**
8 전자의 바다에서 헤엄을 쳐요 **260** [read] 화합물, 대체 끝이 어디야? **262**
[check] 문제 풀며 확인하기 **264**

8장 물질의 특성
1 물질의 정체를 파헤쳐 봐요 269 2 녹는점과 어는점은 같아요 271
3 끓는점은 압력의 눈치를 많이 봐요 274 4 빨리 끓는 물질이 먼저 빠져나와요 277
5 보이지 않으면 골고루 섞인 거예요 281 6 기체의 용해도는 고체와 정반대예요 285
[read] 빨주노초파남보, 불꽃의 비밀 288 [check] 문제 풀며 확인하기 290

9장 전해질과 이온
1 도체와 부도체의 차이는 뭘까요? 295 2 전해질과 비전해질, 물에 녹여 비교해요 297
3 이온화 과정은 전자를 주고받는 거예요 302
4 이온과 이온이 만나서 뿌연 앙금을 만들어요 308
[read] 전해질, 모자라도 넘쳐도 안 돼 314 [check] 문제 풀며 확인하기 316

해답편 318
찾아보기 319

괴짜 엄마가 들려주는 흥미진진 화학 세계
친절한 화학 교과서

시험이 눈앞에 다가오면 일단 다 외웠다가 시험이 끝나면 싹 잊어버리는 화학. 이렇게 두어 번 되풀이하다 보면 어느 순간 화학에 대한 흥미가 바닥을 친다고요? 그와 함께 '화학 포기' 선언을 하기도 한다고요?

그러면 이 책과 함께 한발 한발 화학의 세계로 떠나 보세요. 괴짜 엄마가 "화학은 언제 시작해도 늦은 게 아니"라며 화학에 대한 거의 모든 지식에 재미있게 설명해 줍니다. 조곤조곤 친근하게 설명해 주고 우리 주변에서 볼 수 있는 이온 음료나 탄산음료, 열기구, 네온사인, 세제, 불꽃놀이 등에 숨겨진 화학의 원리를 보여 줍니다.

화학과 우리의 거리를 차근차근 좁혀 주면서 화학이 얼마나 재미있는 학문인지 알게 해 줍니다.

책의 구성

1 중학교 과학 교과서의 '화학' 전 과정을 다루고 있다. 물질의 3가지 상태인 고체, 액체, 기체로부터 분자, 원자, 이온, 전해질, 화합물까지 빠짐없이 친절하게 설명해 주고 있다. 나아가 초등학교 때 놓쳤을지 모르는 부분을 짚어 주고 고등학교 때 배울 내용도 미리 조금 맛볼 수 있다.

2 알파벳과 +, −, 기호로 이루어진 외계어처럼 보이는 화학을 기본 개념부터 원리, 활용까지 꽉 잡아 준다. 괴짜 엄마가 화학책을 쓴 목적 중 하나는 중학생인 어린콩의 화학 점수를 올리는 것. 중요한 것은 절대 놓치지 않는다.

3 꼼꼼한 화학 설명에 더해 그에 딱 맞는 그림과 사진, 도표, 표, 그래프가 이해를 도와

준다.

4 중요한 화학 설명 사이사이에 화학 친구 꼼이가 등장해서 괴짜 엄마가 깜박하고 넘어간 화학 이야기를 해 주거나 어린콩의 질문에 답해 주거나 더 넓고 깊은 화학의 세계로 우리를 안내한다.

5 각 주제별로 화학 이야기가 끝날 때마다 '엄마표 간단 정리'를 통해 중요한 내용, 잊지 말아야 할 내용을 한 번 더 짚어 준다. 한마디로 요점 정리다.

6 [read] 코너를 두고 있다. 알면 알수록 재미있는 교과서 밖 화학, 일상 속에 숨어 있는 화학의 원리와 활용, 화학자 이야기 등을 여기서 만날 수 있다.

7 [check] 코너를 따로 두어서, 각 장이 끝날 때마다 화학 문제를 풀면서 화학 개념과 원리를 잘 이해했는지 스스로 확인해 보도록 하고 있다.

책 속 등장 인물

괴짜 엄마 우리를 흥미진진 화학의 세계로 안내하는 주인공. 대학에서 화학을 공부했다. 현재는 어린콩의 엄마이자 작가이다. 수학과 과학, 퀴즈와 퍼즐을 너무 좋아해서 문제 푸는 데 한번 몰입하면 밥도 태우고, 전화벨이 울려도 못 듣고, 소중한 딸 어린콩과의 나들이 약속까지 잊어버리곤 한다. 그래서 오히려 어린콩이 엄마를 챙겨야 할 때도 있다고.

어린콩 괴짜에 덜렁이인 엄마를 너무너무 좋아하는 딸. 현재 중학교 2학년이다. 화학에 대한 호기심이 유독 많기는 하지만, 학교에서는 화학 점수를 잘 받고 싶은 평범한 학생이다.

꼼이 괴짜 엄마와 함께 우리를 더 넓은 화학의 세계로 안내하는 화학 친구. 우리의 일상 속에 숨어 있는 화학 현상을 알려 주고 중요한 화학적 발견이나 괴짜 엄마가 깜박하고 잊은 더 깊은 화학 이야기들을 해 준다.

들어가는 글
화학이 뭘까?

우리 주변을 한번 둘러보자. 공기, 바람, 물에서부터 우리가 사는 집, 방, 그리고 책상…. 책상 위를 볼까? 읽고 있던 책과 볼펜, 노트북, 음료수 캔, 먹다 만 음료수. 각각의 물건들은 대부분 한 가지 이상의 물질로 이루어져 있어. 그런데 그 물질들은 과연 무엇일까? 어떻게 서로 어우러지게 된 걸까? 또 그 물질의 기본 성질은 어떨까? 이렇게 물질의 조성, 구조, 성질 및 변화 등을 생각하고 공부하는 게 화학이야.

'화학' 하면 복잡한 기호와 수식을 떠올리며 무조건 외워야 하는 과목이라고 생각하는데, 천만의 말씀. 화학이야말로 원리만 알면 가장 쉽게 접근할 수 있는 과목이야.

자, 그러면 화학을 어렵게 느끼는 친구들을 위해 지금부터 내 머릿속에 들어 있어 화학 개념을 차근차근 이야기해 줄 텐데, 그 전에 기본 중의 기본 개념 몇 가지를 짚어 보자고~.

● 물체 vs. 물질

먼저 물체는 우리 주위에서 볼 수 있는, 모양과 형태를 지닌 모든 것들이야. 연필, 교복, 축구공, 휴대폰 등 구체적인 모양을 가지고 있으면서 이런저런 용도로 쓰이지. 그러면 물질은 뭐냐고? 재료야. 알루미늄, 고무, 유리, 물, 플라스틱 등등. 부피와 질량을 갖고 있는 모든 것들이 다 물질이지.

그런데 말이야, 같은 물건이라도 이렇게 보면 물체, 저렇게 보면 물질이 돼. 예를 들어 탁구공을 놓고 '탁구공'이라고 부르면 물체지만 '플라스틱'이라고 하면 물질을 얘기하는 게 돼. 다시 말해 물건의 크기나 겉모습, 용도에 따른 이름을 부르면 물체, 그것을 이루는 재료 자체에 중점을 두고 말하면 물질을 뜻하는 거야. 우리 앞에 유리컵이 있다고 치자. "유리컵이다." 하면 물체, "이건 유리야." 하면 물질을 가리키는 거야.

눈에는 보이지 않지만, 우리를 숨 쉬게 하는 공기도 물질이야. 일정한 공간을 차지하고 있을 뿐 아니라 질량을 갖고 있거든. 공기가 가득 찬 고무풍선에서 공기를 빼내면 어떻게 되지? 풍선이 쭈그러들어. 아주 작은 차이긴 하지만 전체 무게도 줄어들고.

그러면 빛은 어떨까? 빛은 무게도 없고 부피도 없어. 빛을 두고 과학자들끼리 오랫동안 의견이 분분했었는데, 결론을 얘기하자면 빛은 물질이 아니야. 그래서 빛은 화학(化學, chemistry)이 아니라 물리학(物理學, physics)의 영역으로 넘어갔지.

● 원소, 그리고 원자와 분자

우리 주변의 모든 물체는 하나 이상의 물질로 이루어져 있어. 그렇다면 그 물질은 무엇일까? 또 무엇으로 이루어져 있을까? 물질을 구성하는 기본 요소는 바로 원소야.

원소의 개념을 정확하게 이해하기 위해서는 원소, 그리고 물질의 기본 단위인 원자와 분자를 함께 알아야 해. 원자와 원소를 같은 말이라고 생각해서 혼동하는 경우가 많아. 하지만 원자와 원소는 완전히 다른 개념이야. 일단 각각의 정의부터 알아볼까?

- 원소(element): 물질을 이루는 기본적인 요소. 같은 종류의 원자를 통틀어서 부르는 말이다.
- 원자(atom): 물질을 이루는 최소 단위 입자로 하나의 핵과 이를 둘러싼 전자들로 구성되어 있다.
- 분자(molecule): 해당 물질의 성질을 갖고 있는 가장 작은 입자이다.

원소, 원자, 분자의 구체적인 예를 들어 보면 다음과 같아.

- 이산화탄소를 이루고 있는 **원소**는 탄소와 산소이다.
- 이산화탄소 **분자** 1개는 탄소 **원자** 1개와 산소 **원자** 2개로 이루어져 있다.
- 지각을 구성하는 8대 **원소**는 산소(O), 규소(Si), 알루미늄(Al), 철(Fe),

칼슘(Ca), 나트륨(Na), 칼륨(K), 마그네슘(Mg)이다.
- 물 1g에는 약 6.69×10^{22}개의 수소 **원자**가 들어 있다.

뭐가 다른지, 느낌이 오지? 원자는 물질을 구성하는, 즉 실체가 있는 단위 입자를 말하는 것이고, 원소는 같은 종류의 원자를 통틀어 일컫는 추상적인 개념이야.

● 물질의 화학적 특성은 분자가 가지고 있다

이제 원자와 분자를 정확하게 구분해 보자고~. 우리 주위에 있는 각종 물질을 나누고 또 나누다 보면 물질의 최소 입자인 분자가 나와. 분자는 여러 개의 원자가 화학적으로 결합해서 이루어진 입자야. 분자는 다시 원자로 나눌 수 있지. 하지만 분자를 원자로 나누는 순간, 그 물질이 가졌던 성질은 더 이상 존재하지 않게 돼. 따라서 각 물질의 성질을 가진 입자의 최소 단위는 분자가 되는 거야.

예를 하나 들어 볼게. 여기 물 한 컵이 있어. 이 물을 계속 나누다 보면 한 방울의 물이 남겠지? 이 물방울을 다시 나누면 $\frac{1}{2}$방울…. 이렇게 계속 나누다 보면 H_2O 알갱이 하나만 남게 될 거야. 눈에 보이지 않을 정도로 작은 알갱이지만, 우리가 알고 있는 물의 성질을 갖

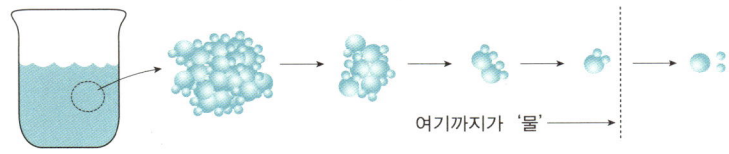
여기까지가 '물'

고 있어. 이 H$_2$O 알갱이 하나가 바로 물 분자 한 개야.

　H$_2$O 분자를 다시 나누면 H(수소) 원자 두 개와 O(산소) 원자 한 개로 나뉘면서 더 이상 우리가 일상에서 흔히 보는 H$_2$O, 즉 물은 존재하지 않게 돼.

　다시 한 번 이야기하자면, 물 분자는 백 개가 있건 한 개가 있건 간에 물이야. 하지만 수소 원자와 산소 원자로 분리되는 순간, 그것이 아무리 많이 있어도 더 이상 물은 아니게 되지.

　H$_2$O의 경우 H와 O로 나뉘니까 물질의 성질에 변화가 있지만, 산소 분자 O$_2$의 경우는 원자로 나뉘어도 여전히 O니까 성질이 똑같은 게 아닐까 하고 의문이 생길 수도 있어.

　하지만 노노노! 우리가 초딩 때 배운 물질의 성질 있지? 색깔, 끓는점, 냄새 등등. 이런 건 모두 물질의 분자 상태에서 측정한 거야. 우리가 숨 쉬는 데 필요한 산소 기체는 산소 분자 O$_2$야. 산소 원자 O 두 개가 결합해서 만들어진 분자라고. 만일 산소 원자가 따로 떨어져 있는 상태라면? 산소 기체는 존재하지 않는 거지.

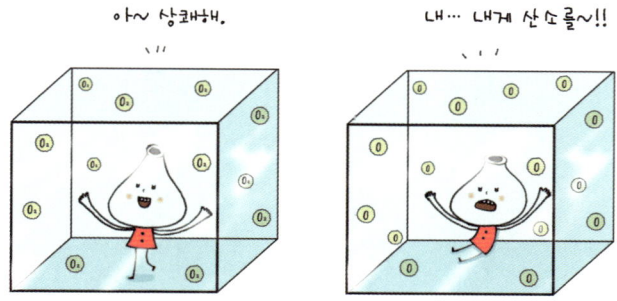

물질을 이루는 최소 단위 입자는 원자야. 그런데 원자는 원자핵과 전자로 이루어져 있으니까 전자나 원자핵이 더 작은 단위 아닐까 하고 생각할 수도 있어.

여기서 가장 작은 단위, 기본 단위란 말은 '물질'이라고 할 수 있는 최소 단위를 뜻해. 과학기술이 발달하면서 원자를 구성하고 있는 전자와 양성자, 중성자를 발견했고, 그 후 양성자와 중성자를 이루는 쿼크 입자도 발견했지. 하지만 화학에서 물질의 고유한 특성을 가진 가장 작은 입자는 '분자'이고 물질을 이루는 기본적인 입자는 '원자'라는 사실은 아마 바뀌지 않을 거야.

원자와 분자는 다르다. 오케이? 그런데 한 가지 예외가 있어. 바로 단원자분자야. '원자=분자'인 셈이지. 단원자분자는 원자 혼자 있어도 안정된 상태여서 굳이 다른 원자와 결합해 분자를 이루지 않고 독자적으로 행동하는 데다가 보통 기체 상태로 존재해. 그래서 비활성(非活性) 기체라고도 해.

〈원자와 분자〉

원자	분자
• 물질을 이루는 가장 기본적인 입자 • 크기, 질량, 내부 구조 등 각 원자마다 화학적 특성을 갖고 있다. • 원자핵과 전자로 구성되어 있다. • 화학 변화가 일어날 때 새로 생기거나 없어지지 않는다.	• 해당 물질의 화학적 성질을 가진 가장 작은 입자 • 1원자 분자도 있지만 대부분 두 개 이상의 원자가 결합돼 만들어진다. • 분자를 이루고 있는 원자의 종류와 개수, 그리고 결합 상태에 따라 성질이 달라진다.

내친김에 구성 원자의 개수에 따른 분자의 종류를 한번 살펴볼까?

- 1원자 분자(단원자분자): 원자 1개로 이루어진 분자. 비활성 기체이다. 헬륨(He), 네온(Ne), 아르곤(Ar), 크립톤(Kr) 등이 있다.
- 2원자 분자: 원자 2개로 이루어진 분자. 산소(O_2), 수소(H_2), 질소(N_2) 등이 있다.
- 3원자 분자: 원자 3개로 이루어진 분자. 물(H_2O), 이산화탄소(CO_2) 등이 있다.
  ⋮
- 고분자: 많은 수의 원자들이 결합해 이루어진 분자. 일반적으로 분자량이 1만 이상인 화합물이다. 단백질, 플라스틱 등이 있다.

화학의 기본 개념들을 짚어 보면서 화학의 맛을 보았으니 이제부터 진짜 화학의 세계로 들어가 보자고~.

1장

Chemistry

고체, 액체, 기체

　우리를 둘러싼 물질은 모양도 가지가지, 색깔, 맛, 냄새도 천차만별. 물질에 따라 그 성질을 헤아리는 수많은 측정값이 있는 데다 그걸 정확히 알기도, 표현하기도 어렵다며 투덜거리는 우리들. 그렇지만 물질의 상태만이라도 고체, 액체, 기체, 이렇게 딱 세 가지여서 얼마나 다행인지 몰라.

　많은 사람들이 고체, 액체, 기체를 구분하는 건 "정말 쉽고 간단해!"라고 말해. 하지만 정말 그럴까? 사실 나도 한때는 그 세 가지 상태를 헷갈렸단다. 고기를 구워 먹을 때 숯불에서 피어오르는 검은색 연기가 어떤 상태인지, 찌개 냄비에서 뿜어져 나오는 김이 기체인지 아닌지를 답하고 그 이유를 알기까지 나도 우리 주변에서 일어나는 온갖 화학적인 현상들에 관심을 갖고 '뭘까? 왜 그럴까?' 하며 많은 생각을 했었지.

　모든 화학 공부 중에서도 물질의 세 가지 상태인 고체, 액체, 기체의 개념과 특성을 이해하고 구분하는 건 기본 중의 기본이야. 따라서 우리도 제일 먼저 물질의 세 가지 상태를 알아볼 거야. 물질의 상태를 결정하는 분자의 결합 상태와 함께 고체, 액체, 기체의 물리적 변화와 화학적 변화 등을 차근차근 살펴볼 거야.

　"시작이 반이다."라는 말 알지?

　자, 지금부터 화학, 꽉 잡아 보자고~.

1 물질은 3가지 상태 중 하나로 존재해요

모든 물질은 세 가지 상태 중 하나로 존재해. 고체, 액체, 기체. 그 정도야 다들 알고 있다고 생각하겠지만 파고들다 보면 "그래?" 하고 새롭게 알게 되는 내용도 많을 거야. 이번 기회에 한 번 더 확실하게 개념을 짚어 보자고~.

- 고체: 부피가 일정하고 모양도 변하지 않는다. 흐르는 성질이 없다.
- 액체: 부피는 일정하지만 모양이 바뀐다. 흐르는 성질이 있다.
- 기체: 부피와 모양 둘 다 일정하지 않다. 한곳에 머물지 않고 사방으로 퍼져 나간다.

물을 예로 들어서 고체, 액체, 기체 상태를 살펴보자고~.

- 얼음〔고체〕: 담는 그릇에 상관없이 모양과 부피가 일정하다. 그릇을 기울이면, 형태는 그대로 유지한 채 밑으로 툭 하고 떨어진다.
- 물〔액체〕: 담는 그릇에 따라 모양은 바뀐다. 하지만 부피는 일정하다. 그릇을 기울이면, 줄줄 흘러내린다.

- 수증기(기체): 담는 그릇에 따라 모양도 바뀌고 부피도 변한다. 그릇을 기울이면, 사방팔방으로 퍼져 나간다. 사실 그릇에 담아 놓기도 어렵다. 큰 부피를 차지하지만 꾹꾹 눌러서 압축시키면 작아진다.

물질의 상태에 따른 성질을 간단히 정리하면 다음 표와 같아.

물질의 상태 성질	고체	액체	기체
모양과 부피	모양 일정 부피 일정	모양 변함 부피 일정	모양 변함 부피 변함
압축성	거의 압축되지 않음	거의 압축되지 않음	압축이 잘 됨
흐르는 성질	흐르지 않음	흐르는 성질이 있음	흐르는 성질과 주위 공간으로 퍼지는 성질이 있음

밀가루는 액체일까, 고체일까?

어린콩 밀가루가 들어 있는 그릇을 기울이면 밀가루가 줄줄 흘러내리잖아. 그럼, 밀가루도 액체야?

꼼이 천만에, 밀가루는 고체야. 액체와 고체 가루를 혼동하면 안 돼! 밀가루는 개별 입자의 크기가 작을 뿐이지 입자 하나하나가 모두 어엿한 고체라고. 줄줄 흘러내리는 듯 보여도 실제로는 아주아주 작은 알갱이들이 떨어지는 거야. 그릇에 가득 담아 놓은 상태도 마찬가지야. 밀가루를 투명한 그릇에 담은 뒤 눈을 부릅뜨고 들여다보면 입자 사이마다 아주 작은 틈이 보일 거야. 하지만 액체인 물은 돋보기를 통해 들여다봐도 입자나 틈을 발견할 수 없어. 그러면 기체는 어떨까? 기체는 분자 하나하나가 따로 떨어져 있는 상태이기 때문에 단위 입자가 아예 안 보여. 개개의 입자가 보이지도 않고 손에 잡히지도 않는 게 기체야.

그러면 분자가 얼마나 작은지 알아볼까? 과학자들에 따르면 분자의 크기를 1억 배로 늘리면 탁구공만 하대. 1억 배가 어느 정도인지 상상이 잘 안 가지? 탁구공을 1억 배 크게 하면 지구만 한 크기가 돼. 즉 분자:탁구공=탁구공:지구. 분자의 크기가 얼마나 작은지 짐작이 가지?!

2 물질의 상태는 바뀌어요

물질은 힘 또는 에너지를 받으면 변화한단다. 물질의 모양이나 상태가 바뀔 때도 있고 새로운 성질을 가진 전혀 다른 물질이 되기도 하지. 이러한 물질의 변화에는 물리적 변화와 화학적 변화가 있어.

● **물리적 변화: A+B=A와 B**

물질을 이루고 있는 분자의 조성, 즉 기본 입자의 구성은 변하지 않고 분자 간 거리나 운동 상태만 변하는 거야. 따라서 물질의 겉모습이나 상태만 변할 뿐 성질은 변하지 않아. 물리적 변화에는 모양 변화, 상태 변화, 용해 등이 있어.

먼저 모양 변화는 말 그대로 모양단 변하는 거야. 빵을 갈아 빵가루를 만드는 것, 금반지를 두드려 납작하게 만드는 것 등이 이에 속해. 다음으로 상태 변화는 물질의 상태가 액체에서 고체로(응고), 고체에서 액체로(융해), 액체에서 기체로(기화), 고체에서 기체로(승화)와 같은 식으로 바뀌는 거야. 물이 끓어 수증기가 되는 것, 요구르트를 냉동실에 넣어 얼리는 것 등이 이에 속해. 끝으로 용해는 물질이 액체 속에서 균일하게 녹아서 용액이 만들어지는 현상으로, 소금이 물에 녹아 소금물이 되는 것 등이 이에 속하지.

물리적 변화에서는 원래 있던 물질이 변화 후에도 여전히 그 물질로 존재해. 물질의 분자식은 변화 전과 동일해. 빵과 빵가루, 물과 수증기, 소금과 소금물처럼 말이지. 참고로 분자식이란 분자에 들어있는 각 원자의 종류와 개수를 나타낸 화학식이야.

● **화학적 변화: A+B=C**

물질이 원래 갖고 있던 성질을 잃어버리고 새로운 성질을 가진 물질로 변하는 것을 말해. 분자 내의 원자의 조성 및 구조 등이 바뀌면서 화학적 성질 또한 달라지지. 화학적 변화가 일어나면 물질의 분자식도 달라져. 예를 들면 종이가 불에 타서 재가 되거나 철이 공기 중에 산화돼서 녹이 스는 것, 음식물이 썩는 것 등이 있어.

그러면 물을 가지고 물리적 변화와 화학적 변화에 대해 구체적으로 이야기해 볼까?

〈물리적 변화〉

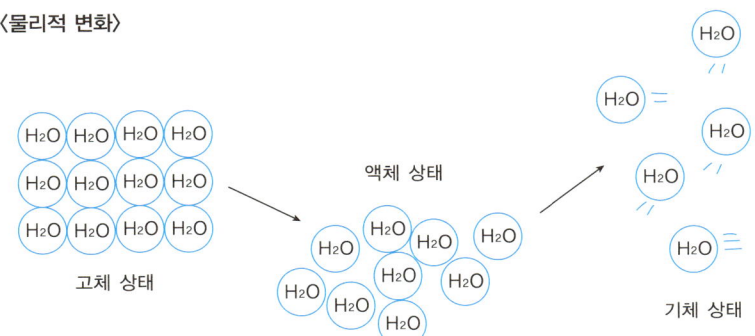

물리적 변화란, 물 분자 간의 거리 및 운동 상태가 변할 뿐이지 물 분자 자체의 구조, 즉 H_2O 자체는 변하지 않는 걸 말해. 수증기도, 얼음도, 물도 분자식은 모두 H_2O이지.

이에 반해 화학적 변화란, 물 분자 구조 자체가 변하는 거야. 물이란 물질이 사라지고 다른 물질이 탄생하는 거지. 물의 분해를 생각해 보자고~. 물은 수소 원자(H) 2개와 산소 원자(O) 1개가 결합한 구조야. 이러한 물 분자가 전기 분해되면 수소 기체 H_2와 산소 기체 O_2라는 새로운 물질로 바뀌게 돼. 이게 바로 화학적 변화란다.

〈화학적 변화〉

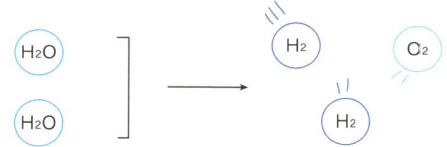

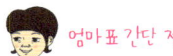

- 물질의 변화에는 물리적 변화와 화학적 변화가 있다.
  - 물리적 변화: 물질을 이루는 분자의 조성과 구조는 그대로인 채 겉모습만 바뀌거나 분자 간 거리 및 운동 상태만 변하는 것
  - 화학적 변화: 물질을 이루는 분자 자체의 조성 및 구조 등이 바뀌면서 새로운 성질의 물질로 변하는 것

3 분자는 움직여요

물질을 이루는 분자 자체는 변함이 없는데 어떻게 같은 물질이 고체가 되었다가 액체가 되었다가 할까? 그건 분자의 움직임이나 분자 간 간격, 그리고 배열 구조가 달라지면서 물질의 상태가 변화했기 때문이야. 한마디로 **분자와 분자 간 결합 상태**에 의해 물질의 상태가 결정되는 거지.

물질을 이루는 분자 한 개를 구슬로 보면 물질의 상태는 이렇게 비유할 수 있어.

고체는 접착제로 단단하게 붙여 놓은 구슬 덩어리,

액체는 그릇에 담아 놓은 구슬들,

기체는 자유롭게 날아가는 구슬.

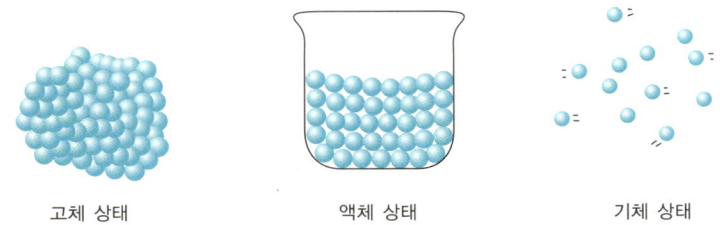

고체 상태   액체 상태   기체 상태

그러면 고체, 액체, 기체에 따른 분자 간 결합 상태에 대해 좀 더 자세히 알아볼까?

먼저 고체는 분자 간 결합이 단단하고, 분자들이 규칙적으로 배열되어 있어. 이런 상태에서는 분자가 움직이고 싶어도 제자리에서 약간 진동하는 정도밖에 안 되지.

다음으로 액체는 분자 간 결합이 끊어져서 배열은 뒤바뀔 수 있지만 분자들이 각각 완전히 자유로운 건 아니고 아주 가까이에 있는 상태를 말해. 액체 상태의 물질은 그것을 담는 그릇에 따라 모양이 바뀌지만 부피는 거의 일정하지. 또 분자들 사이의 거리가 아주 가깝기 때문에 압력을 높여도 쉽게 압축되지 않아. 이미 분자와 분자 사이에 빈 공간이 거의 없기 때문이야.

마지막으로 기체는 분자와 분자 사이의 거리가 멀어서 분자 간에 끌어당기거나 밀어내는 힘이 거의 없는 상태야. 한마디로 분자 간 결합에서 해방~. 각 분자들이 독립적으로 움직이면서 주변으로 퍼져 나가지. 그래서 기체는 모양이나 부피가 일정치 않아. 그리고 기

물질의 특성 \ 물질의 상태	고체	액체	기체
분자 간 결합			
모양	일정하다.	일정하지 않다.	일정하지 않다.
부피	일정하다.	일정하다.	일정하지 않다.
압축성	압축되지 않는다.	압축되지 않는다.	압축된다.
흐르는 성질	없다.	있다.	있다.

체가 공기 중에 떠다니는 건 분자 자체가 가벼워져서가 아니라 애당초 입자 하나하나의 무게가 가벼운 분자들이 낱낱이 떨어져 있다 보니까 공기 중에 떠다닐 수 있게 된 거야.

액체가 기체가 되면 부피가 늘어난대요!

어린콩 기체 상태가 되면 부피가 얼마나 늘어날까?

꼼이 물이 수증기로 변할 때 부피는 약 1600배나 늘어난대. 분자 크기가 커지는 건 아니고, 분자 사이의 거리가 그만큼 멀어지는 거야. 그만큼 분자 사이에 인력(서로 끌어당기는 힘)은 거의 작용하지 않게 되지.

4
물질의 상태 변화에는 어떤 것이 있을까?

 상태 변화란, 물질이 에너지를 받았을 때 화학적 성질은 그대로 유지하면서 고체, 액체, 기체 등으로 상태만 바뀌는 것을 말해.

 그런데 물질에 상태 변화를 일으키는 그 힘이 뭘까? 바로 온도와 압력이야. 모기약 스프레이에는 살충제 성분이 포함된 액체가 들어 있지만 뿌리면 기체 형태로 나와. 스프레이 통 안에는 강한 압력이 작용하고 있기 때문에 살충제가 액체 상태로 존재하다가 밖으로 뿜어져 나오는 순간 액체 입자들에 작용하는 압력이 확~ 낮아지면서 살충제가 기체 상태로 바뀌는 거야.

 또 최근 들어 금값이 워낙 비싸서 오래된 금반지를 녹여 유행하는 디자인의 제품으로 만들어 착용하는 사람들이 많아졌다고 하는데, 이 경우에도 상태 변화가 일어나. 고체인 금반지를 녹여서 액체 상태로 만들었다가 다시 자기가 원하는 모양의 고체로 만드는 거니까.

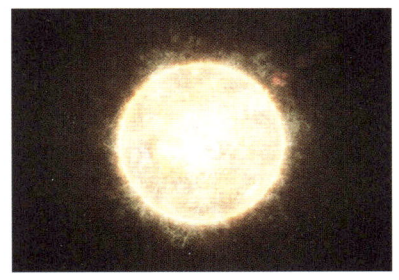

태양 표면은 온도가 엄청 높아서 금이나 철도 여기선 기체 상태로 존재한다.

금이 액체 말고 기체 상태가 될 수도 있냐고? 물론이지! 온도가 아주 높은 곳에서는 금도 기체가 될 수 있어. 금은 1기압, 1064℃에서 액체가 되고, 2856℃에선 기체가 된단다. 실제로 이렇게 온도가 높은 곳이 있어. 우리가 매일 보는 태양! 태양의 표면 온도는 5500~6000℃ 정도야. 그러니까 금을 태양에 떨어뜨리면 당연히 기체가 되겠지. 참고로 태양 표면에선 나트륨(Na), 마그네슘(Mg), 철(Fe) 등 우리에게 잘 알려져 있는 금속 원소 70여 종이 기체 상태로 존재한단다.

물질의 상태는 주어진 조건에 따라 고체와 액체, 기체 사이를 넘나들며 변화하는데, 각각의 변화에는 제각기 이름이 있어.

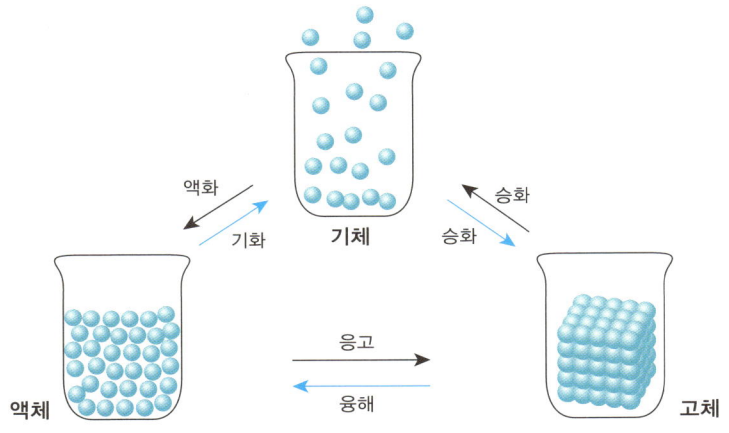

1장 고체, 액체, 기체

● 융해와 응고 (고체 ⇌ 액체)

먼저 물질이 고체와 액체 상태를 오가는 것을 각각 융해와 응고라고 해.

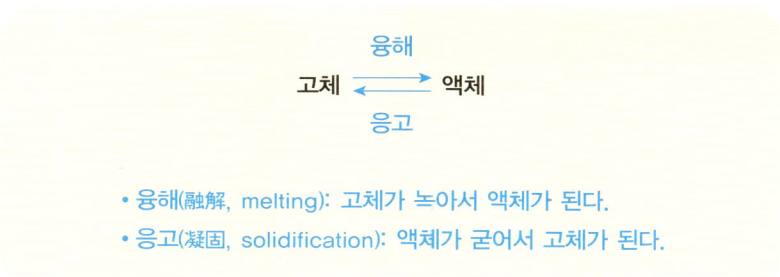

- 융해(融解, melting): 고체가 녹아서 액체가 된다.
- 응고(凝固, solidification): 액체가 굳어서 고체가 된다.

쉽고 맛있는 예를 하나 들어 볼게. 고깃국을 끓이면 윗부분에 투명한 기름이 둥둥 뜨지? 고기 속에 들어 있던 지방 성분이 뜨거운 국물에 녹아서 액체 상태인 기름이 된 거야. '고체 → 액체'로 됐으니까 융해 현상이야.

그런데 고깃국이 차갑게 식으면 어떻게 되지? 윗부분에 떠 있던 기름이 하얗고 딱딱한 고체 상태로 바뀌면서 국물 위를 덮게 돼. 이게 바로 응고야. 끓이고 식히기를 반복해도 지방 자체의 성질은 변하지 않아. 단지 고체 상태와 액체 상태를 오갈 뿐이지.

초콜릿도 마찬가지야. 네모난 초콜릿을 녹여서 하트 모양의 틀에 부어 식히면 하트 초콜릿이 되지. 하지만 무게나 맛은 변하지 않아. 똑같은 초콜릿이니까.

유리병이나 알루미늄 캔의 재활용도 융해와 응고를 이용한 거야.

못 쓰게 된 유리병이나 알루미늄 캔을 한데 모아 녹이면 액체 상태가 돼. 그걸 각자가 원하는 모양의 틀에 부어서 굳히면 새로운 물건이 만들어지는 거지.

이번에는 물에 설탕을 녹이는 경우를 생각해 볼까? 설탕을 물에 녹이는 것은 설탕 분자와 물 분자를 균일하게 섞는 거지, 열이나 압력을 가해서 고체였던 설탕 가루를 액체 상태로 만드는 게 아니야. 그래서 이런 경우는 융해라고 하지 않고 용해라고 해. 만약 설탕을 융해시키려면 물에 넣어 섞지 말고 작은 그릇이나 국자 등에 설탕을 넣고 그대로 불에 올려놓아야 해. 엄마의 어렸을 적 간식 '달고나'처럼 말이야.

용해란 용질을 용매에 녹이는 것을 말해. 설탕물에서 설탕은 용질, 물은 용매가 되지. 소금을 물에 녹이는 것, 매니큐어를 아세톤에 녹이는 것은 모두 용해야.

반면에 융해는 고체 상태의 물질이 열에 의해 녹아서 액체 상태가 되는 거야. 스위스의 전통 음식인 퐁듀는 치즈를 녹여서 여러 가지 음식을 찍어 먹는 요리야. 고체 상태였던 치즈를 가열해서 액체 상태로 만드니까 이 경우는 융해야.

퐁듀는 고체인 치즈를 액체 상태로 만드는 '융해'의 한 예이다.

● 기화와 액화 (액체 ⇌ 기체)

다음으로 물질이 액체와 기체 상태를 오가는 것을 각각 기화와 액화라고 해.

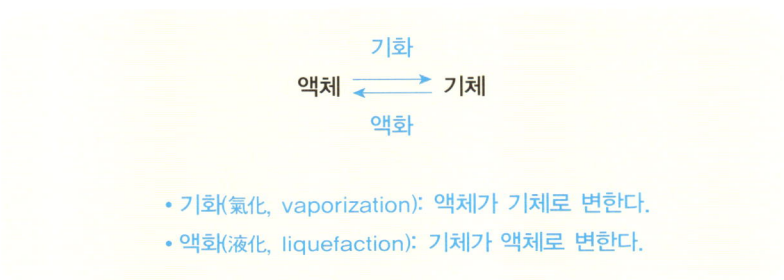

- 기화(氣化, vaporization): 액체가 기체로 변한다.
- 액화(液化, liquefaction): 기체가 액체로 변한다.

우리 주변에서 가장 흔히 볼 수 있는 기화와 액화 현상은 바로 끓는 물에서 나오는 김과 수증기야. '수증기'는 기체 상태의 물이야. 눈으로 볼 수 없어. 그러니까 기체! 반면에 '김'은 아주 작은 물방울이야. 우리 눈에 뿌옇게 보이지. 그러니까 액체!

주전자에 물을 붓고 가열하면 주둥이에서 하얀 연기가 나오지? 이게 바로 김이야. 물을 끓이면 기체 상태인 수증기가 주전자 밖으로 나오게 되는데, 이때 바깥의 찬 공기와 만나는 순간 식으면서 아주 작은 물방울인 김이 되는 거야.

물이 끓고 있는 주전자에서 나오는 것은 눈으로도 볼 수 있는 액체 상태의 김이다.

방금 밥을 지은 솥을 여는 순

간 뿌연 연기가 확~ 올라오지? 이것도 김이야. 그런데 이 김은 순식간에 공기 중에서 사라져. 그건 김이 다시 기화되어 기체, 즉 수증기가 되면서 우리 눈에 보이지 않게 되는 거란다.

그런데 말이야, 김은 액체인데도 불구하고 왜 아래로 떨어지지 않을까? 액체라면 콜라 병에서 콜라가 쏟아지듯, 하늘에서 비가 내리듯 아래로 떨어져 내려야 하는데 말이지. 그 이유는 물방울의 크기가 워낙 작고 가벼워서 아래로 떨어지기 전에 증발해 버려서야.

구름이 하늘에 떠 있는 이유도 비슷해. 지표면의 물이 증발해서 만들어진 수증기는 위로 상승해. 위로 올라갈수록 온도가 낮아지다가 이슬점에 도달하면 수증기는 아주 작은 물방울 또는 얼음 입자가 되지. 이들 입자는 주변의 상승 기류 또는 공기에 의한 부력으로 계속 공기 중에 머물면서 두둥실 떠다니는 구름이 되는 거야.

● **승화 (고체 ⇌ 기체)**

마지막으로 액체 상태를 거치지 않고 고체에서 기체 또는 기체에서 고체로 곧장 변화하는 경우를 승화라고 해.

승화
고체 ⇌ 기체
승화

- 승화(昇華, sublimation): 고체에서 곧장 기체로, 기체에서 곧장 고체로 변한다.

물질을 가열하거나 냉각시키면 대부분 다음과 같이 단계별로 변해.

- 가열할 때: 고체 → 액체 → 기체
- 냉각시킬 때: 기체 → 액체 → 고체

얼음에 열을 가하면 물이 되고 물에 열을 가하면 수증기가 돼. 또 수증기를 식히면 물이 되고 물을 차갑게 하면 얼음이 되지. 그런데 때로는 얼음이 액체 상태를 건너뛴 채 곧장 수증기로 변하거나 수증기에서 곧장 얼음으로 변할 때가 있어.

추운 겨울 아침, 차 유리가 얼음으로 뒤덮인 모습을 본 적이 있을 거야. 간밤에 비도 오지 않았는데 얼음이 어떻게 생긴 걸까?

공기 중의 수증기 입자가 밤새 냉각된 유리창에 닿는 순간 물로 변할 사이도 없이 순식간에 얼음이 돼 버린 거야. 그게 바로 서리야.

냉동실의 골치 아픈 존재인 성에도 빠질 수 없지. 냉동실에 생기는 성에는 겨울보다 여름철에 많이 볼 수 있어. 냉장고 문이 열릴 때 더운 공기가 냉동실 안으로 들어가거든. 이 더운 공기가 냉동실 안쪽 벽에 바로 얼어붙으면서 성에가 되는 거야.

상온에서 승화하는 대표적인 물질은 다음 세 가지야. 나프탈렌, 드라이아이스, 아

차 유리의 얼음은 수증기가 액체 상태를 거치지 않고 곧바로 고체 상태로 바뀐 예이다.

이오딘. 이것만 외워 두면 중학 생활은 편할 거야.

우선 나프탈렌. 나프탈렌을 옷장 안에 넣어 두면 크기가 점점 작아지면서 나프탈렌 냄새로 가득 차게 돼. 나프탈렌이 기체로 바뀌었기 때문이야. 나프탈렌은 액체 상태를 거치지 않기 때문에 옷 버릴 염려 없이 옷장 안에 넣을 수 있지.

다음으로 드라이아이스는 고체 이산화탄소야. 아이스크림을 포장해 줄 때 함께 넣는 흰색 덩어리 기억나지? 그게 드라이아이스야. 드라이아이스는 고체에서 기체로 변할 때 주변의 열을 많이 흡수하기 때문에 주변 온도가 급격히 내려가. 그래서 주위를 차갑게 유지시키는 냉각제로 많이 쓰이지.

마지막으로 아이오딘. 실온에서 검보라색을 띠는 바늘 모양 고체인데, 승화되면 보라색 기체로 변해. 아이오딘 분자 자체가 보라색이거든. 기체가 된 후에도 잘 보이기 때문에 실험용으로 많이 쓰이고 있어.

이러한 승화성 물질들은 분자 간 결합이 매우 약해. 온도를 급속히 낮추거나 높은 압력을 가해서 간신히 고체 상태로 만들어 놨지만, 상온에 놔두면 분자 간 결합이 끊어지면서 순식간에 기체가 되어 날아가 버리는 거지.

여기서, 문제 하나. 드라이아이스를 상온에 두면 주위에 뿌연 안개가 생기는데 이게 뭘까?

드라이아이스에서 나온 이산화탄소?

땡! 이산화탄소는 투명한 기체이기 때문에 눈에 보이지 않아. 힌

트. 드라이아이스가 승화하면서 주위 온도가 낮아진단다.

주위 공기가 어는 거냐고?

딩동댕~. 더 정확히 말하자면, 공기 속의 수증기가 액화되어 작은 물방울이 된 거야. 무대에서 노래하는 가수들 주위에 안개가 피어오르는 거 봤지? 그때 쓰이는 게 바로 드라이아이스야. 드라이아이스는 액체 상태를 거치지 않기 때문에 사람들은 마른 얼음, 즉 dry ice란 이름을 붙였어.

 엄마표 간단 정리

- 물질의 상태 변화

구분	종류	상태 변화	상태 변화의 예
가열	융해	고체 → 액체	용광로에서 고철이 녹아 쇳물이 된다.
	기화	액체 → 기체	젖어 있던 빨래가 마른다.
	승화	고체 → 기체	옷장 속 나프탈렌의 크기가 점점 줄어든다.
냉각	응고	액체 → 고체	겨울밤 추위에 연못이 얼어붙는다.
	액화	기체 → 액체	목욕탕 거울에 물방울이 뿌옇게 맺힌다.
	승화	기체 → 고체	겨울철 차 유리에 성에가 잔뜩 끼었다.

5 상평형이 뭐예요?

상평형(相平衡, phase equilibrium)은 액체, 고체, 기체 중에 두 가지 이상의 상태가 함께 존재하면서 평형을 이루고 있는 상태를 말해. 우리 주변에서 가장 쉽게 볼 수 있는 상평형 상태는 물이 끓고 있는 상태야. 물이 끓을 때는 액체인 물과 기체인 수증기가 함께 존재하지. 그리고 상평형 그림(phase diagrams)이란, 온도와 압력에 따른 물질의 상태를 나타낸 그림이야. 가로축을 온도, 세로축을 압력으로 정해 놓고 온도와 압력 변화에 따른 물질의 상태를 그려 나가면 상평형이 이루어지는 경계가 곡선으로 나타나지.

그러면 물(H_2O)의 상평형 그림을 한번 보자고~.

상평형 그림에서 1기압(압력이 760mmHg)인 직선을 죽 따라가 보면 물은 0℃까지는 고체 상태였다가 용융 곡선을 넘으면서 액체가 되었다가, 100℃에 있는 증기압력 곡선을 넘으면

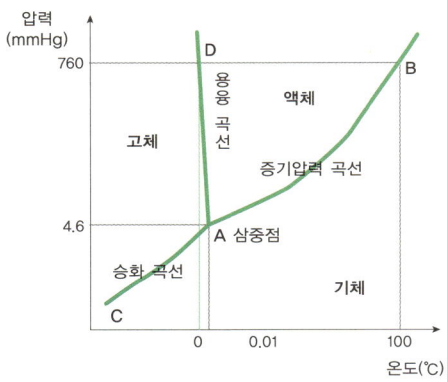

1장 고체, 액체, 기체 47

기체 상태가 되는 것을 알 수 있어. 이렇듯 어떤 물질에 대한 상평형 그림만 있으면 특정한 온도와 압력에서 그 물질이 어떤 상태인지 알 수 있어.

그런데 만약 물질이 상평형 그림에서 경계선 바로 위에 있으면 어떻게 될까? 각 경계선은 상태 변화가 이루어지고 있는 순간을 나타내는 지점이야. 따라서 물질이 경계선 바로 위에 있으면 두 가지 상태가 공존하면서 평형을 이루게 된단다.

그림에서 증기압력 곡선을 보면 액체와 기체 상태 사이에 있어. 그러니까 액체와 기체 상태가 공존하는 선이라고 볼 수 있지. 이 곡선은 기화 곡선이라고도 해. 마찬가지로 승화 곡선은 고체와 기체 상태가 공존하는 선이고, 용융 곡선은 고체와 액체 상태가 공존하는 선이야. 그렇다면 세 곡선이 만나는 점 A는 뭘까? 점 A는 고체, 액체, 기체 상태가 평형을 이루며 공존하는 지점이야. 이곳을 삼중점(triple point)이라고 해.

상평형 그림은 물질마다 다르게 나타나. 즉 물질의 고유한 특성을 따른다고 볼 수 있단다.

 엄마표 간단 정리

- **상평형**: 고체, 액체, 기체 중 두 가지 이상의 상태가 공존하며 평형을 이루는 상태이다.
- **상평형 그림**: 온도와 압력에 대한 물질의 상태 및 평형 관계를 나타낸 그림. 특정 온도와 압력에서 해당 물질이 어떤 상태일지 추측할 수 있다.

 **read** 유레카! 새로운 상태를 발견하다

과학기술이 발전하면서 예전에는 몰랐던 물질의 상태도 발견하고 자연 상태에선 존재할 수 없는 상태도 만들어 냈어. '상태의 발명'이라고나 할까. 그러면 현대 과학을 대표하는 두 가지 상태를 살펴보자고~.

첫 번째는, 초전도체(超傳導體, superconductor)야. 초전도체란 전기 저항이 0인 물체야. 초전도체를 완전하게 이해하려면 먼저 전기 저항이 무엇인지를 정확히 이해해야 해.

설명을 조금 덧붙이자면, 전기나 열을 잘 전달하는 물질을 도체라고 해. 도체의 대표라 할 수 있는 금속을 생각해 보자고~. 나중에 자세히 배우겠지만, 금속은 금속 원자들 사이에 자유전자가 존재하는 구조야. 이 자유전자들이 이동하면서 전류가 흐르는 거지. 이때 원자들이 규칙적으로 배열되어 있다면 전자들이 원자 사이를 쉽게 지나다닐 수 있을 거야. 자동차가 시원하게 뚫려 있는 고속도로를 달리는 것처럼 말이지. 만일 원자의 배열이 중간에 어긋난다거나 길 사이에 원자가 불쑥 나타나 가로막는다면 전자의 흐름이 급작스럽게 꺾이거나 끊어지면서 이동하는 데 보다 많은 시간이 걸릴 거야. 이처럼 도체 내에 전자의 흐름을 방해하는 현상 또는 그 어려운 정도를 나타낸 수치를 전기 저항이라고 해.

초전도체를 이용하면 아주 강력한 전자석을 만들 수 있다. 그 위에 자석을 올리면 자석의 자기장과 초전도체가 만드는 자기장이 서로 밀어내면서 자석이 공중에 뜨게 된다.

금속의 온도가 높아지면 어떻게 될까? 금속 원자들의 진동 운동이 활발해지면서 그 사이를 지나는 자유전자들의 이동을 방해하게 되고 전자의 속도가 느려지겠지. 또 전자는 원자들과 부딪칠 때마다 갖고 있던 운동에너지를 잃게 되고, 이 운동에너지는 열에너지의 형태로 밖으로 방출될 거야. 그래서 전자 기기를 오래 사용하면 뜨거워지는 거야. 결국 온도가 높을수록 전기 저항이 커지면서 전류는 잘 흐르지 않고 손실되는 에너지 양이 증가해.

이러한 전기 저항을 줄이려면, 온도를 낮추면 돼. 온도를 낮추면 원자들의 움직임이 서서히 둔해질 거야. 그 상황에서 온도를 계속 낮추면 어느 순간 모든 원자들이 운동을 멈추겠지. 저항이 사라지는 거야. 전자들은 방해물이 사라지니까 이동 속도가 엄청나게 빨라지고, 원자들과 부딪치지 않으니까 손실되는 에너지도 없을 거야. 이게 바로 초전도야.

초전도체를 이용하면 전력의 손실 없이 전기를 쓸 수 있어. 그래서 많은 나라의 과학자들이 초전도체를 이용해 에너지를 절약하는 방법을 연구하고 있어.

두 번째는, 플라즈마(plasma)야. 고체 상태에서 에너지를 가하면 액체, 액체에서 에너지를 가하면 기체. 여기까지가 끝인 줄 알았는데, '제4의 상태'가 있더라구. 그게 바로 플라즈마야. 플라즈마는 기체 상태의 분자가 양이온과 전자(음이온)로 분리된 채 섞여 있는 상태야. 양이온과 전자의 전하수

고체: 분자들이 일정한 틀 안에 고정되어 있다.

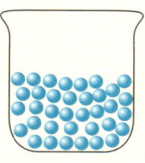
액체: 분자들이 일정한 한도 내에서 움직이고 있다.

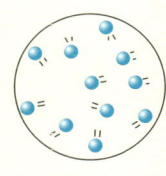
기체: 분자들이 자유롭게 움직이기 때문에 큰 부피를 차지한다.

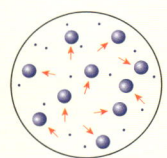
플라즈마: 양이온과 전자들이 독립적으로 움직이며 큰 부피를 차지한다.

가 같기 때문에 전체적으로는 전기적 중성을 띠고 있지.

플라즈마는 그리스어로 '만들기 어려운 신비한 조형물'이란 뜻이야. 실제로 우리가 플라즈마 상태를 만들려면 기체에 아주 높은 에너지를 가해야 해. 그러면 전자가 떨어져 나가면서 전체적으로 양이온과 전자가 분리된 채 서로 뒤섞인 상태가 되지.

우주에 존재하는 물질의 99%는 플라즈마 상태야. 태양의 대기권 또한 플라즈마 상태이지. 우리 주위에서 볼 수 있는 자연적인 플라즈마 현상으로는 번개와 북극 지방에서 볼 수 있는 오로라가 있어.

생활의 편의를 위해 일부러 플라즈마 상태를 만들기도 하는데 네온사인과 플라즈마 볼이 대표적인 예야. 원리는 동일해. 네온사인은 전극을 설치한 유리관에 비활성 기체를 채워 넣은 후 방전시키는 거야. 방전되면서 나온 전자들이 기체 원자들과 충돌하면서 원자가 에너지를 받는 순간 양이온과 전자가 분리되는 플라즈마 상태가 되지. 이 전자들이 다시 바닥상태로 이동하면서 빛에너지를 방출하게 되는데, 기체의 종류에 따라 방출하는 에너지 양이 다르기 때문에 각기 다른 색의 빛을 내뿜게 돼.

플라즈마 볼은 유리구 안에 비활성 기체를 아주 낮은 압력으로 채워 넣은 후, 가운데 있는 전극에 높은 전압을 걸어 주는 거야. 마찬가지로 방전 현상이 일어나면서 볼 내부의 기체가 플라즈마 상태가 되지.

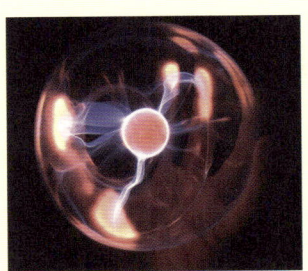
플라즈마 볼에 손을 댔을 때의 모습

플라즈마 볼의 표면에 손가락을 대면 손가락 끝을 따라 빛줄기가 따라오는 걸 볼 수 있어. 왜냐고? 사람의 몸도 약한 도체거든. 따라서 손가락을 접근시키면 플라즈마 상태 속의 전자들이 도체, 즉 손가락 쪽으로 몰리게 되면서 손가락을 따라다니는 것처럼 보이는 거야.

check 문제 풀며 확인하기

1. 다음 그림은 물질의 세 가지 상태를 분자 모형으로 나타낸 것이다.

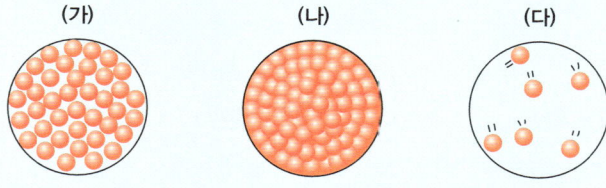

1) (가), (나), (다)는 세 가지 상태 중 각각 어떤 상태인지 쓰시오.

2) 다음 설명은 위 상태 중 어떤 상태를 뜻하는 것인지 기호를 적으시오.
① 분자 간 인력이 거의 작용하지 않는다. (   )
② 모양은 쉽게 바뀌지만 부피는 거의 일정하다. (   )
③ 분자 간 결합이 단단하게 고정되어 있다. (   )

2. 물질의 상태에 대한 설명으로 맞는 것은?
① 봉지 속에 든 설탕은 주르륵 흘러내리니까 액체이다.
② 식초가 들어 있는 비닐봉지를 눌러도 부피는 줄어들지 않으므로 식초는 고체이다.
③ 물이 끓는 주전자에서 나오는 하얀색 김은 공기 중으로 퍼져 나가기 때문에 기체이다.
④ 오렌지 주스는 담는 그릇에 따라 모양은 변하지만 부피는 일정하므로 액체이다.

3. 실내에 놓아둔 얼음이 녹는 것과 동일한 상태 변화는?
   ① 소금을 물에 넣으면 소금이 점차 녹아 없어진다.
   ② 물을 끓이면 물의 부피가 점점 줄어들며 없어진다.
   ③ 차가워진 곰국을 데우면 위에 굳어 있던 흰색 기름이 점차 투명하게 된다.
   ④ 젖어 있던 빨래가 조금씩 마른다.

4. 추운 겨울에 밖에서 집 안으로 들어오는 순간, 쓰고 있던 안경이 뿌옇게 되었다가 다시 맑아진다. 그 이유를 '액화'와 '기화'를 가지고 설명하시오.

5. 아이스크림 포장 봉지에 담긴 드라이아이스는 시간이 지날수록 크기가 빠르게 작아지는데, 이와 동일한 상태 변화를 고르시오.
   ① 서랍 구석에 놓아둔 나프탈렌 냄새가 옷장 안에 가득하다.
   ② 얼음이 점점 녹아 물이 되면서 크기가 작아지고 있다.
   ③ 여름철 마당에 뿌려 놓은 물이 점점 사라지고 있다.
   ④ 추운 겨울날 창문에 성에가 끼기 시작한다.

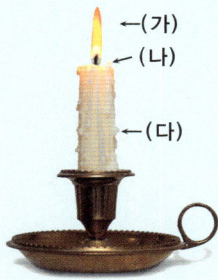

6. 다음은 타고 있는 양초이다. (가), (나), (다)에서 일어나고 있는 상태 변화를 바르게 쓴 것은?
   ① (가): 기화, (나): 융해, (다): 응고
   ② (가): 기화, (나): 액화, (다): 응고
   ③ (가): 융해, (나): 기화, (다): 액화
   ④ (가): 융해, (나): 액화, (다): 기화

2장

Chemistry

분자의 운동

　책상에 앉아 한참을 공부하다가 문득 주위를 둘러봤더니 움직이는 건 나밖에 없네? 책상 한쪽에 놓여 있는 컵, 침대, 침대 위의 베개 등등. 다들 편안해 보이는데 나 홀로 바쁜 것 같아서 한숨이 나온다고?
　슬퍼하지 마. 컵 안에 가만히 고여 있는 물, 나른하게 누워 있는 베개, 게다가 우리 눈에는 보이지 않지만 방 안을 가득 채우고 있는 공기까지 이 모든 걸 이루고 있는 분자들은 쉴 새 없이 움직이고 있으니까. 심지어 분자들은 제 마음대로 아무렇게나 움직이는 게 아니라 움직임의 단계와 종류가 있고, 각자의 상태에 따라 정해진 범위 내에서 질서 있게 운동하고 있다고.
　끊임없이 움직이는 분자들 덕분에 우리가 일상에서 흔히 볼 수 있는 현상이 있어. 바로 '증발'과 '확산'이야. 이 장에서는 증발과 확산을 통해 분자 하나하나가 어떻게 움직이는지 그 구체적인 운동 모습과 이동 경로 등을 살펴볼 거야. 또 온도와 압력의 변화가 분자의 운동에 어떠한 영향을 끼치는지 알아보고 이와 관련한 양대 법칙, 즉 보일의 법칙과 샤를의 법칙에 대해서도 알아볼 거야.
　자, 그러면 분자의 세계를 살펴보자고~.

1 증발과 끓음은 뭐가 다른 거죠?

'증발'은 액체에서 기체로 되는 거야. 그런데 끓는 것도 액체에서 기체로 되는 거잖아. 가열해서 부글부글 끓어오르면 끓음이고 가열하지 않았는데 저절로 기체가 되면 증발일까?

예를 하나 들어 볼게. 물이 담긴 컵을 하루 종일 놔두면 물이 줄어들어. 액체였던 물의 일부가 기체가 되어 공기 중으로 날아간 거야. 이게 증발 현상이야.

그러면 '끓음'은 뭘까? 증발과 끓음의 차이는 뭘까?

간단히 말하면 증발은 물질의 표면에서 조용히, 우아~하게 일어나는 기화 현상이야. 그에 비해 끓음은 끓는점에 도달한 액체가 물질 전체에 걸쳐 기화되는 현상이지. 위쪽, 아래쪽 할 것 없이 시끄럽게 부글부글하는 거야.

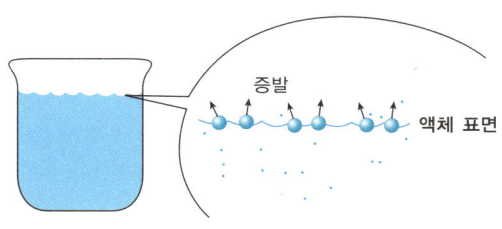

증발: 액체의 표면에서만 일어난다. 액체 내부에선 아무런 움직임이 없다. 따라서 겉으로 보기에는 눈에 띄는 변화가 없다.

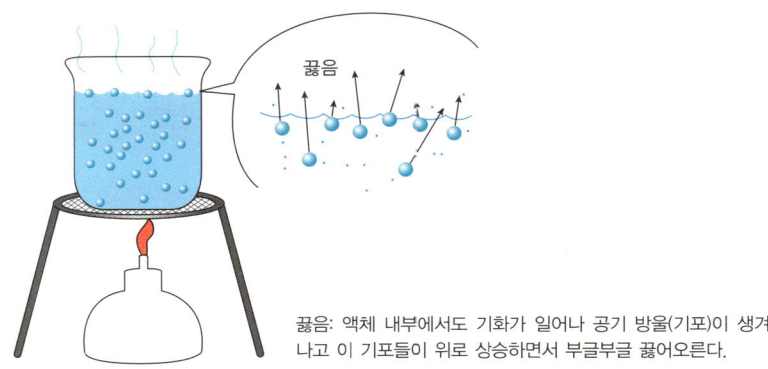

끓음: 액체 내부에서도 기화가 일어나 공기 방울(기포)이 생겨나고 이 기포들이 위로 상승하면서 부글부글 끓어오른다.

　액체 표면의 분자들은 한쪽 면이 공기에 접해 있어. 이들 분자가 에너지를 더 많이 받거나 바람이 휘익 불어서 다른 분자들과 연결된 고리가 툭 끊어지면 공기 중으로 훨훨 날아가는 것, 이게 바로 증발이야. 낮이 되면 아침 이슬이 저절로 사라지고, 널어놓은 빨래가 마르고, 그릇에 담아 놓은 물의 양이 시간이 지나면서 저절로 줄어드는 현상이기도 하지.

　액체가 증발해 기체가 되듯이 기체가 액체로 될 수도 있으니까 컵에 있는 물이 늘어날 수도 있지 않냐고? 그러기엔 상대적인 숫자 차이가 너무 커. 무슨 말인고 하니, 액체에서 기체로 되는 경우가 기체에서 액체로 되는 경우보다 월등히 많다는 거야. 기체가 되면 일단 안녕~ 하곤 먼 곳으로 훨훨 날아가 버리잖아. 떠난 기체 분자들이 다시 액체 표면으로 다가올 확률이 닿지 않다고. 따라서 컵에 든 물의 양은 점점 줄어들지.

　증발이 잘 일어나는 조건? 다음과 같이 액체 표면에 있던 분자가 떨어져 나가기 쉽게 만들면 돼.

첫째, **온도를 높인다**: 높은 온도에선 분자의 운동이 활발해지기 때문에 표면으로부터 떨어져 나가는 분자 수도 증가해.

둘째, **바람이 분다**: 바람이 불면 액체 표면에 있던 분자들이 바람을 타고 다른 곳으로 이동하기 때문에 액체 표면 근처에는 계속해서 여유 공간이 생기게 되고 계속해서 액체에서 분자들이 떨어져 나오기 쉬워. 또 바람이 직접 액체 표면의 액체 분자를 떼어 내기도 하지.

셋째, **습도를 낮춘다**: 건조하다는 건 수증기가 적다는 거고, 그만큼 공기 중에 빈자리가 많다는 얘기야. 따라서 습도가 낮을수록 증발하기 쉬워.

넷째, **액체의 표면적을 넓힌다**: 증발은 액체의 표면에서 일어나기 때문에 표면적이 넓어질수록 증발은 쉽게 이루어지지.

다섯째, **분자 간 인력이 약하다**: 분자가 현재 속해 있는 액체에서 쉽게 떨어져 나오려면 액체 분자 간에 잡아당기는 힘이 약해야 해. 즉 분자 간 인력이 약한 물질이 증발하기 쉽지.

 엄마표 간단 정리

- **증발**: 끓는점에 도달하지 않은 상태에서 액체 표면에서만 일어나는 기화.
- **끓음**: 끓는점에 도달했을 때 액체 표면은 물론 내부까지, 즉 액체 전체에서 일어나는 기화.

2 분자가 다른 분자 사이로 퍼져 들어가요

학교에 갔다 집에 돌아왔는데, 집 안 전체에서 된장찌개 냄새가 확 날 때 있지? 아니면 참기름 냄새로 가득하거나…. 부엌에서 엄마가 저녁 식사를 준비할 때 그 음식 냄새가 집 안에 두루 퍼진 건데, 이게 바로 확산이야. 음식 냄새는 집안 구석구석에 밸 때까지, 즉 골고루 섞일 때까지 확산이 계속돼.

확산은 물질을 이루고 있는 입자들이 스스로 운동하여 주변의 액체나 기체 속으로 퍼져 나가는 현상으로 밀도 또는 농도가 높은 쪽에서 낮은 쪽으로 퍼져 나가는 걸 말해.

분자들이 골고루 섞인 후에는 운동을 안 하냐고? 아니, 분자들은 그 후에도 계속 이동하면서 운동을 해. 하지만 특정한 분자가 한곳

〈설탕이 물속에서 확산되는 현상〉

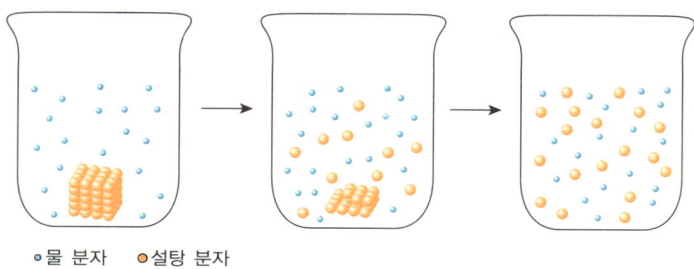

○ 물 분자   ○ 설탕 분자

에만 몰리게 되진 않아. 쌀과 보리를 큰 그릇에 한 컵씩 붓고 계속 흔들어 주면 골고루 섞이게 돼. 그 후에 계속 흔들어 주면 쌀과 보리쌀이 다시 나뉠까? 아니지? 계속 섞여 있는 상태야.

그러면 음식 분자와 공기 분자처럼 서로 다른 물질이 아니라 같은 물질이라면 어떨까? 같은 물질에서도 분자가 확산을 할까?

예를 하나 들어 보자. 물 한 컵이 있어. 물을 이루는 물 분자들은 이리저리 움직일 거야. 하지만 모두가 같은 물 분자이기 때문에 아무리 움직여도 특정 성분의 비율이나 농도는 변하지 않아. 따라서 이런 경우는 확산이라고 볼 수 없어.

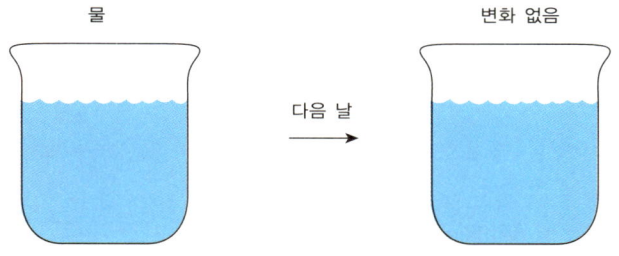

물 컵에 물감을 한 방울 떨어뜨리면 어떻게 될까? 물감이 점점 퍼져 나가서 물 전체와 골고루 섞이게 돼. 그와 동시에 물 컵 내 성분 비율과 농도가 달라지지. 이런 경우는 확산이야.

액체의 확산을 살펴봤으니, 이제 기체의 확산을 살펴보자고~. 예를 들어 향수병의 뚜껑을 열면 어때? 향수 냄새가 확 풍기지? 병 속에 가득 차 있던 향수 분자들이 공기 중으로 퍼져 나가기 때문이야. 잠깐만, 헷갈리지 말 것! 여기서 액체 상태의 향수가 기체가 되는 건

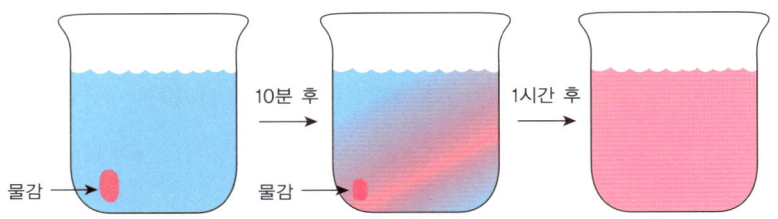

물과 물감이 완전히 섞인다.

증발이고, 기체 상태가 된 향수 분자가 공기 중으로 퍼져 나가는 게 확산이야.

그러면 어떤 조건에서 확산이 잘 일어날까? 확산이 잘 일어나는 조건은 다음과 같아.

첫째, 온도가 높을수록 분자 운동이 활발해져서 확산이 잘 일어

확산, 그리고 브라운 운동

확산을 얘기할 때 빼놓을 수 없는 게 하나 있어. '브라운 운동(Brownian motion)'이라는 건데, 액체 또는 기체 위에 뜬 상태에서 움직이는 미소(微小) 입자의 불규칙한 운동을 말해. 영국의 식물학자 브라운(Robert Brown, 1773~1858)이 발견해서 '브라운 운동'이라는 이름이 붙었지.

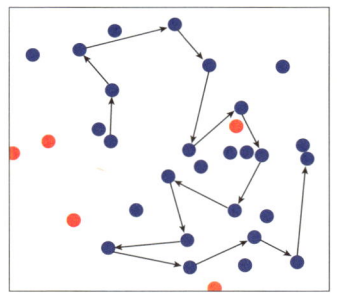

브라운은 흔들리지 않는 수면 위에 떠 있는 꽃가루를 관찰하던 중 꽃가루에서 나온 작은 입자가 수면 위를 불규칙하게 움직이는 걸 발견했어. 그 이유는 꽃가루 밑에 있는 물 분자들이 끊임없이 움직이면서 그 위에 떠 있는 꽃가루들까지 움직이기 때문이야.

나. 예를 들면 찬물보다 따뜻한 물에서 확산이 잘 일어나지.

둘째, 기체 > 액체 > 고체의 순서로 확산 속도가 빨라. 즉 분자 간 인력이 작을수록 확산이 잘 되지.

셋째, 물리적 작용을 전달하는 매개물, 즉 매질의 상태에 따라 확산 속도가 달라. 매개물이 진공 > 기체 > 액체의 순서로 확산 속도가 빨라. 확산은 분자들 사이를 뚫고 가는 것이기 때문에 장애물(매질)이 적을수록 그 속도가 빨라.

넷째, 분자의 질량이 작을수록 확산 속도가 빨라. 분자가 가벼울수록 쉽고 빠르게 움직이기 때문이야.

자~, 이제 앞에서 배웠던 증발과 지금 얘기한 확산을 통해 고체, 액체, 기체 상태 중에서 분자들이 가장 활발하게 움직일 때는 기체 상태라는 걸 알았어. 고체는 제자리에서 진동만 하고, 액체는 움직이긴 하지만 한계가 있지. 그래서 많은 과학자들이 자유로운 기체 분자들을 가지고 분자 운동을 연구했어. 그렇게 해서 발견한 게 압력과 기체의 부피의 관계를 설명한 '보일의 법칙'과 온도와 기체의 부피와의 관계를 설명한 '샤를의 법칙'이야. 보일의 법칙과 샤를의 법칙은 뒤에서 자세하게 설명해 줄게.

 엄마표간단 정리

- **확산**: 입자들이 스스로 이동하여 주변으로 퍼져 나가는 현상. 농도(밀도)가 높은 곳에서 낮은 곳으로 이동한다.

3
밀가루 반죽을 손으로 눌러 봐요

압력(壓力, pressure)은 누르는 힘이야. 밀가루 반죽을 손으로 눌러 보자고. 세게 누르면 반죽이 깊숙이 들어가고 약하게 누르면 살짝 들어가지. 누르는 힘, 즉 압력에 따라 반죽이 쑥 들어가는 정도가 달라지는 거야.

세게 눌렀을 때

살짝 눌렀을 때

수수께끼 하나 내 볼까? 방금 전, 반죽이 들어가는 깊이는 누르는 힘에 따라 다르다고 했는데, 똑같은 힘으로 눌러도 들어가는 깊이를 다르게 할 수 있어. 어떻게 하면 될까?

실험을 하나 해 보자고~. 잘린 원뿔 모형을 반죽 위에 올려 보는 거야. 처음에는 밑면이 넓은 쪽이 밑으로 가게 하고 다음에는 뾰족한 쪽이 밑으로 가게 해 보자고.

동일한 모형이니까 무게는 같고 누르는 힘도 같겠지? 하지만 결과

는 어때? 뾰족한 쪽이 밑으로 향했을 때 더 깊숙이 들어갔어.

똑같은 힘으로 눌렀는데 들어간 깊이가 왜 달라졌을까? 그 이유는 동일한 크기의 힘이지만 반죽을 누르는 면의 넓이가 달라지면서 단위 면적당 받는 힘의 크기가 달라졌기 때문이야. 단위 면적당 받는 힘의 크기, 이게 바로 압력이야.

여기서 잠깐! 압력을 '위에서 아래로' 누르는 힘이라고만 생각하면 안 돼. 압력은 물체와 물체의 접촉면을 경계로 그 면을 누르는 힘이

압력의 원리를 이용해 봐~

우리 주변에서 압력의 원리를 이용한 예는 참 많아. 그중에서도 옛날 사람들이 눈 쌓인 산길을 걸어 다닐 때 신었던 설피에 대해 알려 줄게.

설피의 바닥은 보통 신발보다 훨씬 넓어. 따라서 같은 몸무게라도 설피를 신으면 바닥에 닿는 면적이 넓어지면서 누르는 힘이 넓게 퍼지게 돼. 따라서 발밑의 눈을 '살짝' 누르게 되고, 덕분에 깊이 빠지지 않게 되는 거야.

설피가 압력을 분산시키는 예라면, 압력을 집중시키는 대표적인 예는 바로 못! 나의 모든 힘을 뾰족한 점 하나에 집중! 그래서 단단한 물체도 파고들 수 있지.

라는 걸 명심하도록. 가령 큰 솥 가득히 국이 담겨 있을 때 국물은 솥 안쪽 면에 힘을 가하게 되는데 이 또한 압력이란다.

 엄마표 간단 정리

- 압력: 두 물체의 접촉면에 대해 서로 미는 힘. 단위 면적당 받는 힘의 크기로 나타낸다.

 압력 = $\dfrac{\text{작용하는 힘의 크기}}{\text{힘을 받는 면의 넓이}}$

4
우리는 언제 어디서나 공기의 압력을 받고 있어요

압력에도 여러 가지 종류가 있어. 압력의 종류는 '무엇이' 누르냐에 따라 종류가 정해져. 물이 누르면 수압(水壓, water pressure), 기름이 누르면 유압(油壓, oil pressure), 기체가 누르면 기압(氣壓, air pressure)이라고 해.

기압 중에서도 우리를 둘러싼 공기에 의한 압력을 대기압(大氣壓, atmospheric pressure)이라고 해. 좀 더 넓게 보면, 대기압은 지구를 둘러싸고 있는 공기층이 눌러서 생기는 압력이야. 대기권의 두께는 약 $1000km$. 공기가 아무리 가벼워도 내 위로 $1000km$ 두께의 공기가 차곡차곡 쌓여 있다면, 무게가 엄청나겠지? 그 힘에 의해 생긴 압력이 대기압이야.

대기압의 크기는 $76cm$의 수은기둥이 누르는 압력과 같고, $1cm^2$당 약 $1kg$의 무게에 해당돼. 우리 몸이 약 $15,000cm^2$의 표면적을 가지고 있으니까 약 15톤의 힘이 사방에서 우리 몸을 누르고 있는 거지. 그런데도 우리 몸이 찌그러지지 않는 이유는 우리 몸 내부에서도 같은 크기의 힘이 밀어내고 있기 때문이야.

실험을 하나 해 보자고~. 풍선에 공기를 가득 불어넣어 빵빵하게

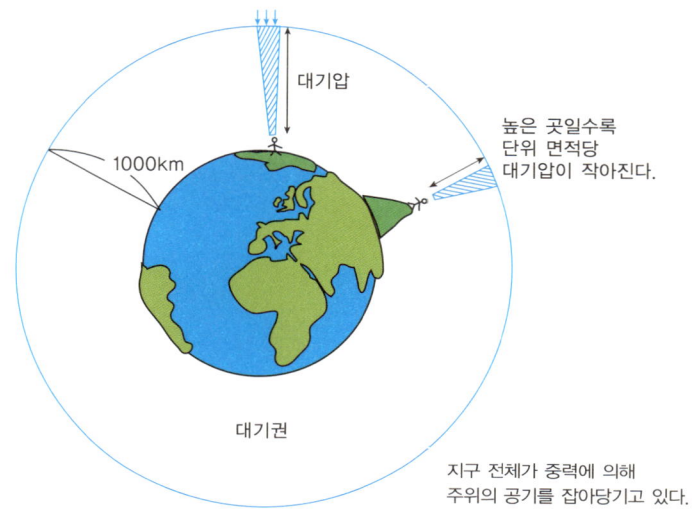

만든 다음에 입구를 묶어 보는 거야. 풍선 안에 들어 있는 기체 분자들이 쉴 새 없이 풍선에 부딪히며 바깥쪽으로 밀어붙이겠지? 하지만 바깥쪽도 만만치 않아. 풍선의 바깥쪽에 있는 공기 분자들 역시 쉴 새 없이 풍선에 부딪히며 안쪽으로 압박을 가할 거야.

만약 풍선 내부에서 밖으로 밀어내는 힘이 더 강하다면 풍선은 더욱 커질 것이고, 반대로 바깥에서 풍선을 누르는 힘이 더 강하면 풍선은 작아질 거야. 안에서 밀어내는 힘과 밖에서 누르는 힘이 같다면? 풍선은 작아지지도 커지지도 않겠지.

겉으로 보기엔 가만히 있는 것 같은 풍선도 알고 보면 내부와 외부의 공기 분자가 팽팽한 대치 상황에 놓여 있는 거야. 그러니까 길 가다가 풍선을 보면 "아이코, 고생하네." 하고 인사해 주길~.

마그데부르크에서의 반구 실험

1654년 독일 마그데부르크의 시장이자 물리학자인 게리케(Otto von Guericke, 1602~1686)는 지름이 약 35cm인 두 개의 구리 반구를 만들었어. 그런 다음 반구를 맞붙인 후에 반구 안의 공기를 빼냈지.

반구 안의 공기를 빼내면 어떻게 될까? 반구 안에서 밖으로 밀어내는 공기의 힘은 없어지지만 밖에서 누르는 대기압은 변함없지. 따라서 바깥 공기가 반구를 꽉꽉 누르게 되고 그 결과 반구를 떼어 내기 어렵게 돼.

공기를 빼낸 반구를 떼어 내기 위해 게리케는 말을 이용해 양쪽에서 잡아당겼어. 말 한두 마리로는 턱도 없었고 한쪽에 말 8마리씩을 붙여서야 반구를 겨우 분리했는데, 반구가 서로 떨어질 때 펑~ 하고 큰 폭음이 났었대.

• 반구를 누르는 공기의 힘 = 말 16마리의 힘

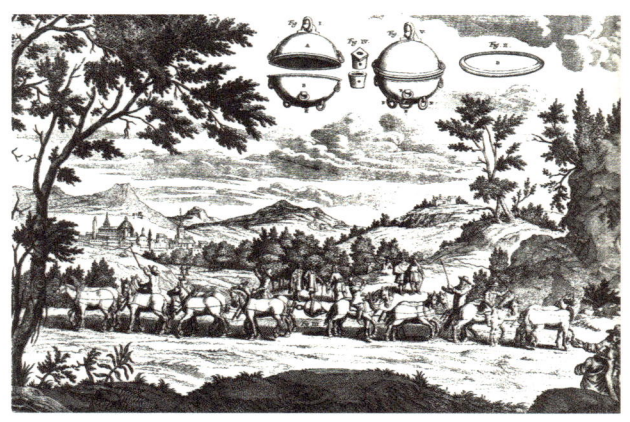

5
보일의 법칙

 고체, 액체, 기체 중에서 압력의 영향을 가장 많이 받는 건 기체야. 기체의 부피는 압력에 따라 팍팍 변하지.

 주사기를 가지고 실험을 하나 해 보자. 비어 있는 주사기의 끝을 막고 피스톤을 누르면 어느 정도까지는 들어가다가 어느 순간 멈추게 돼. 사실 주사기는 비어 있는 게 아니고 그 안에 공기가 들어 있지. 주사기 안에 기체 말고 액체나 고체가 있다면 어떨까?

 주사기 안에 물이 가득 차 있거나 나무토막을 넣은 상태에서 피스톤을 누르면 아예 들어가지도 않아. 기체와 달리 고체와 액체는 부피가 거의 변하지 않거든. 그 이유는 기체 분자들 사이에는 빈 공간이 많기 때문에 압력을 가하면 서로 가까워지면서 부피가 줄어들지만, 액체와 고체는 이미 분자들끼리 서로 가까이 붙어 있는 상태라서 더

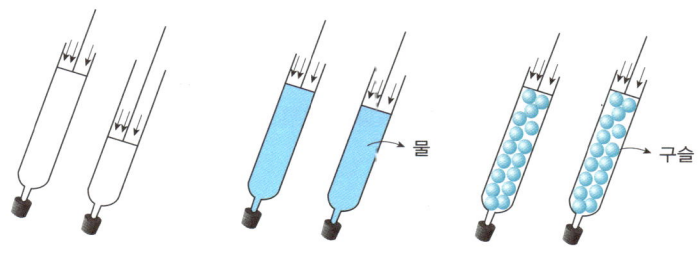

기체: 부피 변화 큼   액체: 부피 변화 거의 없음   고체: 부피 변화 없음

이상 가까워질 수 없기 때문이야. 즉 줄어들 공간이 없단 뜻이야.

기체라고 해서 힘을 주면 그 부피가 한없이 줄어드는 건 아니야. 기체도 부피가 줄면 분자 간 간격이 좁아지면서 분자 간 반발력이 커지게 돼. 내부에서 밀어내는 힘, 즉 내부 압력이 커지는 거지.

이처럼 동일한 양의 기체의 부피가 줄어들면 기체의 압력은 커져. 반면에 기체의 부피가 늘어나면 기체의 압력은 작아지지. 이러한 기체의 부피와 압력 간의 관계를 발견한 사람이 영국의 과학자 보일(Robert Boyle, 1627~1691)이야.

- **보일의 법칙(Boyle's law)**: 온도가 일정할 때, 일정량의 기체의 압력과 부피를 곱한 값은 항상 일정하다.
  P(압력) × V(부피) = k(일정)   P: Press, V: Volume

보일은 실험에서 추를 추가해 누르는 압력을 2배, 3배, 4배…로 할 때 기체의 부피는 처음 부피의 $\frac{1}{2}$, $\frac{1}{3}$, $\frac{1}{4}$…이 된다는 사실을 발견했어.

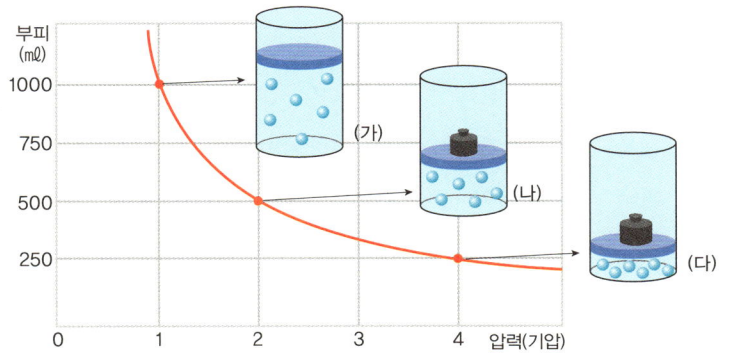

앞의 그림에서 (가)에는 아무것도 올려놓지 않았는데 어떻게 추 한 개를 올려놓은 (나)의 압력이 두 배가 되는지 궁금하지 않아? 바로 대기압의 존재 때문이야. 우리 눈에는 안 보이지만 (가), (나), (다) 모두 공기가 누르고 있는 상태거든. (나)에서 추는 대기압이 누르는 힘과 동일한 힘을 가지고 있어. 그래야 처음보다 압력이 두 배가 되겠지. 참고로 1atm은 $1.0332 kg/cm^2$이야. $1cm^2$의 면적을 공기가 약 $1kg$의 무게로 누르고 있는 것을 뜻해.

보일의 실험에 따르면, 기체의 부피가 반으로 줄면 압력은 두 배가 돼. 왜 그러냐고? 다음의 그림을 살펴보자고~.

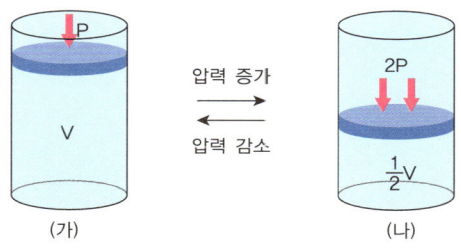

(나)의 그림을 보면 기체 내부의 공기 분자들의 수는 변함이 없는데 외부 압력이 두 배로 증가하니 부피가 반으로 줄어들었어. 반면에 안쪽에서 벽을 밀어내는 힘, 즉 내부 압력은 두 배가 됐지. 여기서 외부 압력이란 기체 바깥쪽에서 누르는 힘이고, 내부 압력이란 기체의 분자 운동에 의해 내부에서 밖으로 밀어내는 힘을 말해.

보일에 따르면 외부 압력과 내부 압력, 기체 분자의 운동과 부피 사이에는 다음과 같은 관계가 성립하고, 이것이 곧 기체의 부피가 반으로 줄면 압력이 두 배가 되는 이유이기도 해.

- 외부 압력 증가 → 기체의 부피 감소 → 기체 분자의 충돌 횟수 증가 → 기체의 내부 압력 증가
- 외부 압력 감소 → 기체의 부피 증가 → 기체 분자의 충돌 횟수 감소 → 기체의 내부 압력 감소

 엄마표간단정리

- 물질에 힘을 가했을 때의 변화

물질의 상태	힘(압력)을 주었을 때 부피 변화
고체	접착제로 단단하게 붙여 놓은 구슬들과 같다. 촘촘히 붙어 있기 때문에 아무리 힘을 줘도 형태나 부피가 거의 바뀌지 않는다.
액체	주머니에 가득 들어 있는 구슬들과 같다. 분자들끼리 서로 맞닿아 있지만 유동성이 있다. 주머니 한쪽을 손으로 누르면 누른 부분이 들어가면서 다른 부분이 튀어나오듯 모양은 변할 수 있지만 전체 부피는 거의 일정하다.
기체	주머니 안에서 팝콘처럼 상하좌우로 튀는 구슬들과 같다. 구슬들 사이마다 빈 공간이 많아서 주머니에 힘을 가하면 부피가 줄어든다.

- 고체, 액체, 기체 중에서 기체가 압력의 영향을 가장 많이 받는다.
- 보일의 법칙: 온도가 일정할 때, 일정량의 기체의 압력과 부피를 곱한 값은 항상 일정하다. P(압력)×V(부피)=k(일정)

6
샤를의 법칙

500ml짜리 빈 페트병의 마개를 닫고 냉동실에 넣어 두었다가 다음 날 꺼내 보렴. 그러면 페트병이 찌그러져 있는 걸 볼 수 있을 거야. 왜 그럴까?

또 찌그러진 페트병을 실내에 놔두면 잠시 후 와그작와그작 소리를 낼 거야. 왜 그럴까?

냉동실처럼 온도가 낮은 곳에서는 페트병 내 공기의 부피가 줄어들기 때문에 페트병이 찌그러드는 거야. 그걸 상온에 꺼내 놓으면 페트병 내 공기가 따뜻해지면서 부피가 늘어나서 찌그러진 페트병을 밀어내는 거고. 와그작 소리까지 내면서 말이야.

하늘에 둥실 떠 있는 열기구를 보자고~.

풍선 안에 들어 있는 공기를 가열하면 공기의 온도가 올라가면서 부피가 늘어나고 그에 따라 풍선이 부풀 거야. 그렇다고 풍선 안에 새로운 공기가 생기는 건 결코 아니야. 공기의 양은 일정한데 부피가 커진다는 건 주위보다 공

기의 밀도가 작아졌다는 뜻이야. 풍선 안의 공기가 주변보다 밀도가 작아지면 풍선은 두둥실 떠오르게 돼. 가열을 멈추면 어떻게 될까? 풍선 속 공기가 식으면서 부피는 줄어들고 밀도가 커지면서 열기구가 아래로 내려오게 돼.

온도가 높아지면 기체의 부피가 늘어나고 온도가 낮아지면 기체의 부피가 줄어든다! 이게 바로 샤를의 법칙이야.

프랑스의 과학자 샤를(Jacques Charles, 1746~1823)은 '일정한 압력에서 온도가 1℃ 높아질 때마다 기체의 부피는 그 종류에 상관없이 0℃일 때 부피의 $\frac{1}{273}$배만큼씩 증가한다'는 것을 발견했어.

가령 A라는 기체가 0℃에서 1l일 경우, 온도가 10℃가 되면 부피는 $\frac{10}{273}l$ 증가해서 전체 부피는 $(1+\frac{10}{273})l$가 되는 거야.

0℃보다 온도가 낮아지면? 1℃ 낮아질 때마다 0℃일 때 부피의 $\frac{1}{273}$만큼씩 감소하게 되지.

A 기체의 경우 −20℃가 되면 부피는 $\frac{20}{273}l$ 감소해서 전체 부피는 $(1-\frac{20}{273})l$가 되는 거야. 그렇다면 −273℃에서 기체의 부피는 얼마가 될까? 샤를의 법칙에 의하면 0℃일 때 부피의 $\frac{273}{273}$배, 즉 0℃일 때의 부피만큼 감소한다는 뜻이니까 부피는 0이 돼. 부피가 0이 된다는 건 '사라진다'는 뜻이겠지. 계산상으론 그렇지만, 실제로 그렇게 되진 않아. **모든 기체는 −273℃가 되기 전에 액체 또는 고체가 되거든.** 샤를의 법

● **기체의 액화 온도**

산소: 90K(−183℃)

질소: 77K(−196℃)

수소: 20K(−253℃)

헬륨: 4K(−269℃)

칙은 기체의 부피와 온도에 관한 것이기 때문에 일단 액체나 고체가 되면 더 이상 통하지 않게 된단다.

하지만 과학자들은 −273℃일 때 부피가 0이 되는 기체가 있지 않을까 하는 생각을 종종 했나 봐. 그래서 탄생한 게 '이상기체'야. 상상 속에서만 존재하는 기체지. 이상기체(理想氣體, ideal gas)란 분자량이 없고 분자 알갱이의 부피가 0인 기체야. 부피가 없으니까 당연히 분자 사이의 인력이나 반발력도 없겠지. 따라서 이상기체에서는 보일-샤를의 법칙이 완벽하게 적용돼.

이상기체는 기체의 성질을 단순화시킨 거야. 그래야 기체와 관련된 여러 가지 법칙을 만들기가 쉬워지거든.

실제 기체는 분자량이 작고 분자 사이의 거리가 멀수록 이상기체의 성질에 가까워져. 분자 사이의 거리를 멀게 하려면 어떻게 해야 하냐고? 온도를 높이거나 압력을 낮추면 돼. 그러면 실제 기체는 이상기체와 유사한 행동을 해.

이 기회에 절대온도 K와 절대영도 0K도 알아두자고~.

절대온도(Kelvin temperature) K는 이론적으로 생각할 수 있는 최저온도를 기준으로 한 온도야. 최저 온도가 몇 도냐고? 샤를의 법칙에서 모든 기체의 부피가 0이 되는 온도, 즉 −273℃를 절대영도라고 하고 0K라고 표기해.

참, 절대온도의 눈금 간격은 섭씨온도와 같아. 따라서 절대온도 K와 섭씨온도 ℃ 사이에는 '절대온도=섭씨온도+273'가 성립해. 즉 섭씨온도에 273을 더하고 K를 붙이면 절대온도가 되는 거야.

그런데 온도에 따라 기체의 부피가 변하는 이유가 뭘까? 분자의 크기가 변하기 때문도 아니고 분자의 개수가 달라지기 때문도 아니야. 바로 분자가 움직이는 속도가 변하기 때문이야.

메뚜기 수십 마리가 들어 있는 비닐봉지를 머릿속에 그려 보자고~. 메뚜기들이 이리 뛰고 저리 뛸 때는 봉지가 부풀어 있을 거야. 하지만 메뚜기들이 지쳐서 가만히 있는다면? 봉지는 가라앉게 되지.

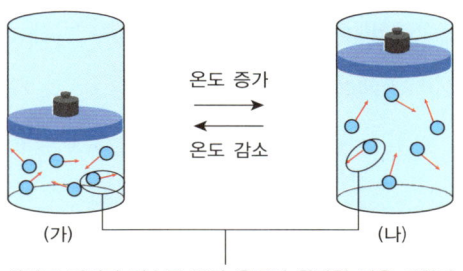

화살표 길이가 길수록 분자 운동이 활발한 것을 뜻한다.

2장 분자의 운동 77

기체 분자도 마찬가지야. 온도가 높으면 기체들의 운동이 활발해지고 그에 따라 기체가 차지하는 공간이 넓어지면서 전체 부피가 증가해. 반대로 온도가 낮아지면 분자들의 운동이 둔해지면서 기체의 부피는 줄어들게 되지. 이러한 관계를 간단히 표로 나타내면 다음과 같아.

기체 분자 수	(가) = (나)
온도	(가) < (나)
기체의 부피	(가) < (나)
기체 분자 사이의 거리	(가) < (나)
기체 분자의 운동 속도	(가) < (나)
기체 분자의 충돌 횟수	(가) < (나)

그러면 고체와 액체는 어떨까? 고체와 액체의 부피도 온도에 따라 달라질까? 기체만큼 눈에 확 뜨일 정도는 아니지만, 고체와 액체 또한 온도에 따라 부피가 바뀐단다.

고체와 액체에 열을 가하면 분자들의 운동이 활발해지면서 분자 간 결합이 느슨해지고, 분자 사이의 거리가 멀어지면서 부피가 증가해. 하지만 기체와 비교했을 때 고체 또는 액체가 증가하는 정도는 훨씬 작지. 물질의 상태에 따른 열팽창 정도는 기체 > 액체 > 고체 순이야. 기체 분자가 제일 자유로우니까 온도가 증가하면 팽창도 잘 되는 거야.

• 열팽창: 물질에 열을 가할 때, 물질의 길이나 부피가 증가하는 현상

그런데 말이야, 액체가 고체보다 열팽창 정도가 큰데도 실생활에서는 액체의 부피 변화를 잘 느끼지 못하는 경우가 많아. 왜일까?

예를 하나 들어 볼게. 물이 담겨 있는 냄비를 가열하면 물의 온도가 올라가면서 물의 부피가 늘어날 거야. 그와 동시에 냄비도 함께 팽창하면서 냄비의 용량이 커지겠지. 따라서 얼핏 보기엔 물의 높이도, 부피도 크게 변하지 않은 것처럼 보이게 돼. 이것을 '겉보기 팽창'이라고 해.

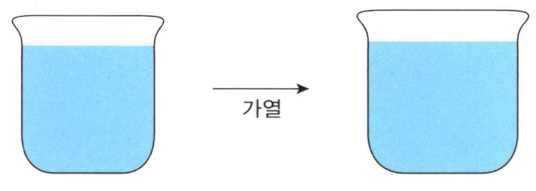

액체의 실제 팽창 = 겉보기 팽창 + 용기의 팽창

액체의 열팽창을 이용한 대표적인 도구로 온도계가 있어. 온도가 높아지면 액체의 부피가 팽창하면서 온도계의 눈금이 올라가게 되지. 온도계는 어떤 액체를 사용했느냐에 따라 수은온도계, 알코올온도계 등으로 나뉘어. 수은온도계의 경우, 수은의 열팽창 정도가 일정해서 정확하게 온도를 측정할 수 있지만 수은이 팽창하는 정도가 작아서 눈금을 읽기가 상대적으로 어려워. 반면에 알코올온도계는 정확성은 떨어지지만 팽창률이 크기 때문에 작은 온도 변화도 쉽게 측정할 수 있지.

내친김에 액체의 열팽창을 이용한 알뜰 작전 한 가지 알려 줄게.

자동차 휘발유는 깜깜한 밤에 넣는 것이 좋아. 왜냐하면 밤에 넣는 것이 이득이거든. 온도가 높은 낮에는 휘발유의 부피가 팽창하기 때문에 밀도가 낮아져. 부피가 동일하다면 밀도가 낮을 때보다 높을 때가 더 무거울 거야. 따라서 같은 1l를 주유해도 실제 휘발유 양은 밤에 더 많아.

고체도 마찬가지야. 열을 가하면 고체 분자들의 진동 운동이 활발해지기 때문에 분자 사이의 거리가 걸어지거나 결합이 느슨해지면서 부피가 증가해. 우리 주변에서 흔히 볼 수 있는 고체의 열팽창을 예로 들면 다음과 같은 것이 있어.

- 겨울에 팽팽했던 전깃줄이 여름에 늘어진다.
- 철로를 설치할 때 이음매 부분을 약간 띄워 놓는다. 그래야만 뜨거운 여름에 철로가 늘어나도 휘어지지 않는다.
- 그릇 두 개가 끼어서 빠지지 않을 때, 안쪽 그릇에 찬물을 담고 바깥쪽 그릇을 뜨거운 물에 담그면 안쪽 그릇은 수축하고 바깥쪽 그릇은 팽창하면서 쉽게 빠진다.

엄마표 간단 정리

- 기체의 온도가 높아지면 분자의 운동이 활발해지면서 기체의 부피가 증가한다.
- 샤를의 법칙: 일정한 압력에서 온도가 1℃ 높아질 때마다 기체의 부피는 기체의 종류에 상관없이 0℃일 때 부피의 $\frac{1}{273}$배만큼씩 증가한다.

 read 화학의 아버지, 보일

'화학의 아버지'. 영국의 과학자 보일(Robert Boyle, 1627~1691)에게 붙여진 이름이야. 화학 분야에 실험적인 방법과 입자 철학을 도입함으로써 근대 화학의 발판을 마련했기 때문이지.

보일은 15세 때 이탈리아를 여행하던 중 갈릴레이의 이론을 접하면서 근대 과학에 흥미를 느끼고, 귀국 후 과학 공부와 연구, 활동에 적극 참여했어.

연구를 하면서 '가설이 먼저냐, 실험이 먼저냐'의 기로에서 보일이 선택한 길은 '실험이 먼저'였어. 그 시대 대부분의 과학자들이 상상력을 토대로 이론을 만들고 그 후 실험을 통해 자신의 이론을 입증할 결과를 찾았던 것에 반해, 보일은 먼저 수많은 실험을 해서 그 결과로부터 가설을 세우고 가설을 입증하기 위한 실험을 추가로 해야 한다고 주장했어.

그런데 말이야, 보일은 돈이 많은 과학자였어. 귀족 집안에서 태어난 데다 아버지가 많은 유산을 남겨 준 덕분에 평생을 일정 수준 이상의 수입을 보장받았다고 해. 어쩌면 보일이 "실험이 먼저"라고 주장할 수 있었던 것도 그 자신이 수많은 실험에 들어가는 비용을 감당할 수 있었기 때문일지도 몰라.

실제로 보일은 자신의 돈으로 개인 연구소를 세웠어. 그리고 자기와 함께 실험을 진행할 조교들을 채용했지. 정확한 결과를 얻으려면 보다 많은 실험 결과들이 있어야 하고, 그러기 위해선 여러 건의 실험을 동시에 진행할 수 있는 인력이 필요했기 때문이야.

보일의 주요 업적을 살펴보면 첫째, 연금술의 허구성을 지적하고 새로운 연구 방향을 제시했어. 즉 금(金)은 한 종류의 원자(seed)로 구성되어 있어서 화학적 처리를 통해 금을 만드는 것은 불가능하므로, 이제는 질병을 치료하는 연금술을 해야 한다고 주장했어.

둘째, 보일 하면 떠오르는 '보일의 법칙'이 있어. 보일은 공기의 부피는 압력에 반비례한다는 사실을 발견했지.

셋째, 물체의 연소 및 소리의 전파에 공기가 필수적이라는 사실 등 자연현상에서 공기가 차지하는 역할론을 정립했어.

넷째, 보일은 오늘날로 이어지는 '원소'에 대한 개념을 도입하고, 정성분석의 기초를 확립했지.

그의 이러한 업적들이 근대 화학의 발판이 되었고 사람들로 하여금 그를 '화학의 아버지'라 부르게 한 거란다.

check 문제 풀며 확인하기

1. 다음 설명이 옳으면 ○표, 틀리면 ×표를 하시오.
   ① 날씨가 건조할수록 증발이 잘 일어난다. (   )
   ② 증발이 잘 일어나게 하려면 액체를 잔에 담지 말고 넓은 접시에 부어 둔다. (   )
   ③ 분자들 사이의 인력이 강할수록 증발이 빠르게 일어난다. (   )
   ④ 분자 간 인력이 작으면 액체 내부에서도 증발이 일어난다. (   )

2. 다음의 현상을 증발 또는 확산으로 구분하시오.
   ① 아세톤을 적신 솜이 물에 적신 솜보다 빨리 마른다.
   ② 냄비를 태워서 집 전체에 연기가 가득하다.
   ③ 냉면 국물에 식초 한 방울을 떨어뜨리면 국물 전체에서 신맛이 난다.
   ④ 염전에서 바닷물로 소금을 만든다.

3. 다음 중 압력의 크기를 작게 하기 위해 만든 것은?
   ① 못   ② 스노보드   ③ 칼날   ④ 바늘

4. 기체의 압력과 부피와의 관계를 분자 운동 모형으로 나타낸 그림이다. 맞으면 ○표, 틀리면 ×표 하시오.
   ① (가)에 비해 (나)에 가해진 외부 압력이 커지면서 (나) 기체의 부피가 줄어들었다. (   )
   ② (나) 기체의 부피가 줄어들면서 분자의 운동 속도가 빨라졌고, 따라서 내부 압력도 높아졌다. (   )

③ 기체 분자가 벽에 충돌하는 횟수가 더 많은 쪽은 (나)이다. (　)
④ (나)의 부피가 줄어들면서 (나)에 들어 있는 기체 분자의 숫자도 줄어들었다. (　)

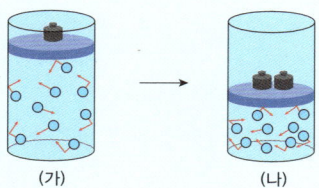

5. 밀폐된 공간에 들어 있는 기체의 압력과 부피와의 관계를 나타낸 그래프이다. 물음에 답하시오.

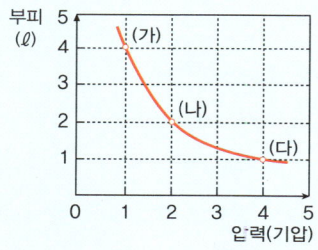

① (가)~(다) 중에서 기체 분자의 수가 가장 많을 때는?
② 위 그래프를 보고 8기압일 때의 기체의 부피를 추측해 보시오.
③ 기체의 부피가 1기압일 때의 두 배가 되면 압력은 몇 기압이 되는가?

6. 다음 중 압력이 일정할 때 기체의 온도와 부피의 관계를 바르게 나타낸 그래프는?

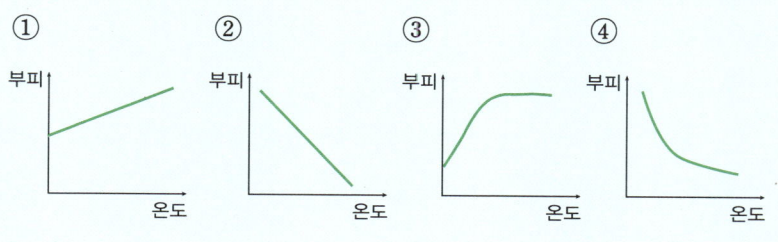

3장

Chemistry

물질의 상태 변화와 열에너지

 아침에 바쁘게 등교 준비를 하면서 드라이기로 젖은 머리를 말려 봤니? 오후에 체육 시간이 끝나고 얼음이 든 탄산음료를 마셨을 때는 어땠어? 아주 시원했지?

 머리의 물기가 마르고 음료수 컵 속 얼음이 녹는 것, 이게 바로 물질의 상태 변화야.

 그런데 상태 변화란 게 정확히 무엇일까? 물질을 이루는 분자의 종류가 바뀌는 것일까, 아니면 분자의 무게가 가벼워지거나 무거워지는 것일까?

 이 장에서는 상태 변화의 정확한 개념을 이해하고, 상태 변화가 일어날 때 물질을 이루는 분자들의 상태 및 운동량이 어떻게 바뀌는지 단계별로 살펴볼 거야. 또 물질의 상태 변화가 일어날 때 열에너지가 어떻게 필요한지 알아보고, 각각의 상태 변화에서 드나드는 열에너지의 구체적인 역할과 명칭 등도 알려 줄게. 상태 변화가 일어날 때 주변 온도가 어떻게 변화하는지를 함께 생각하다 보면 물질의 상태 변화에 대한 전체적인 그림이 그려질 거야.

1 열에너지란?

물질의 온도는 가열이나 냉각을 통해 변해. 즉 열을 가하거나 빼앗으면 물질의 온도가 바뀌지. 이처럼 온도는 열과 밀접한 관계가 있어. 그러니까 먼저 '온도'와 '열'의 뜻을 정확하게 구분해 보자고~.

온도는 물질이 얼마나 뜨거운지 또는 차가운지의 정도를 수치로 나타낸 거야.

열은 에너지야. 에너지에는 여러 가지 종류가 있어. 열에너지, 운동에너지, 위치에너지, 소리에너지, 빛에너지 등등. 그중에서 열에너지는 뜨거운 곳에서 차가운 곳으로 이동하는 에너지야.

뜨거운 물체와 찬 물체를 서로 맞붙여 놓으면 뜨거운 물체의 온도는 내려가고 찬 물체의 온도는 높아지잖아. 그 이유는 두 물체 사이에서 뭔가가 이동했기 때문이야. 과학자들은 이를 열에너지(heat energy; thermal energy)라고 부르기로 하고, '온도가 높은 곳에서 낮은 곳으로 이동하는 에너지'라고 정의 내렸어.

- 열에너지: 온도가 높은 곳에서 낮은 곳으로 이동하는 에너지. 물체의 온도 또는 상태를 변화시킨다.

냄비를 올려놓고 가스 불을 켜면 냄비가 뜨거워지잖아. 이처럼 냄비를 뜨겁게 만든 에너지가 바로 열에너지야.

뜨겁게 달구어진 냄비를 만지면 "앗, 뜨거!" 하게 돼. 냄비에서 손으로 뭐가 전달됐기 때문일까? 답은 열에너지야.

옛날 과학자들은 열의 본질에 대해 "눈에는 보이지 않을 정도로 아주 작은 알갱이인 열소(熱素, caloric)가 이동하면서 열이 이동한다."라고 했어. 열을 '알갱이'로 본 거지.

여기서 잠깐! 열을 알갱이로 정의한 열소설은 열을 물질로 보는 이론이야. 열소설을 주장한 과학자들은 열을 가했을 때 고체가 녹는 현상에 대해 '고체를 이루는 입자와 열 알갱이들이 화학 반응을 일으켜서 흐물흐물한 물질을 만드는 것'이라고 설명했어. 하지만 그렇게 따지면 물질의 온도가 높을수록 열 알갱이들이 많은 거니까 질량이 증가해야 하는데, 실제 측정 결과는 온도가 높아져도 질량은 변함없었어. 그러므로 결론은 다음 두 가지 중 하나야.

첫째, 열소는 질량이 0이다.

둘째, 열소라는 알갱이는 없다.

하지만 모든 물질은 질량을 갖고 있어. 질량이 0인 입자는 없다는 거지. 따라서 과학자들은 "열소라는 알갱이는 없다."고 결론을 내리고는 열을 어떻게 설명할지 다시 고민하고 연구했어.

줄은 통 속에 든 물을 휘저으면 물의 온도가 상승하는 실험을 통해 운동에너지가 열로 바뀌는 것을 증명했다.

그 후 영국의 과학자 줄(James Joule, 1818~1889)이 "열 알갱이가 따로 있는 게 아니라 원자 및 분자의 운동이 열로 바뀌는 것"이라고 주장했어. 원자나 분자가 운동을 하면, 그때 발생한 운동에너지가 열로 바뀐다는 거지.

이처럼 열은 물질을 구성하는 입자, 즉 분자의 운동과 밀접한 관련이 있어. 물질을 이루는 분자들 전체의 운동에너지가 열에너지로 바뀌고 분자 한 개의 평균 에너지는 그 물질의 온도가 되지. 따라서 분자들의 운동이 활발할수록 그 물질의 온도는 높아지지.

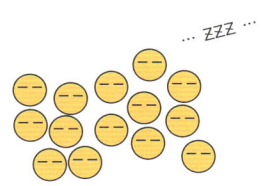

움직임 잠잠 → 열에너지 발생하지 않음

움직임 활발 → 운동에너지 발생 → 열에너지로 전환

 엄마표 간단 정리

- 열에너지를 많이 지닐수록 분자들은 더욱 활발하게 운동하고, 이는 물질의 온도 변화로 이어진다.
- 분자들의 평균 운동에너지는 물질의 온도로 나타난다.

2
물질의 상태가 변화해요

　열이 물질의 온도를 변하게 하는 이유는 첫째, 열에너지가 분자들을 활발하게 운동시키고, 둘째, '분자들의 평균 운동에너지 = 물질의 온도'이기 때문이라고 했어.

　온도를 변화시키는 이유는 알았으니, 이제 열에너지가 물질의 상태를 변화시키는 이유를 알아보자고~.

　물질의 세 가지 상태는 고체, 액체, 기체야. 동일한 물질이라도 어떤 때는 고체였다가 액체로 또는 기체로 바뀔 수 있어. 물을 예로 들면, 물은 얼음(고체), 물(액체), 수증기(기체) 상태로 존재해. 이 세 가지는 다른 물질일까? No! 셋 다 동일한 물질이야. 얼음과 물, 수증기의 분자 알갱이는 모두 수소 원자 두 개에 산소 원자 한 개가 결합된 H_2O 분자야. 그럼, 대체 뭐가 다르냐고? 분자 간 배열이나 분자의 운동 상태가 달라.

● **고체 상태**
- 물질의 세 가지 상태 중에서 열에너지를 가장 적게 지닌 상태이다.
- 분자들이 서로 강한 인력으로 잡아당기고 있다.
- 분자의 배열이 일정하고 고정되어 있다.

- 각 분자는 제자리에서 진동 운동만 한다.

● **액체 상태**
- 분자들이 일정한 공간 안에서 어느 정도 활발하게 움직인다.
- 분자들끼리의 인력이 고체에 비해 약한 편이지만 완전히 자유로운 상태는 아니다.
- 분자 사이의 거리가 고체에 비해 조금 멀다.

● **기체 상태**
- 열에너지를 가장 많이 지니고 있다.
- 분자들이 매우 활발하고 자유롭게 운동한다.
- 분자 사이의 거리가 매우 멀고, 분자 사이의 인력이 거의 작용하지 않는다.

고체 상태는 접착제로 붙여 놓은 작은 구슬 뭉치와도 같아. 구슬들이 움직이기는커녕 제자리에서 회전도 어려울걸. 기껏해야 부르르 떨기만 할 테지. 이런 고체 상태에 열을 가하면 어떻게 될까? 접착제로 붙여 놓은 구슬 뭉치를 가열하면? '열 받은' 분자들이 활발하게 진동하기 시작하겠지. 처음에는 접착제 때문에 힘들겠지만 포기하지 않고 계속 힘차게 부르르 흔들다 보면 마침내 접착된 부분이 조금씩 벌어지면서 구슬들이 하나, 둘 톡톡 떨어질 거야. 그렇게 해서 마침내 구슬 모두가 접착제에서 해방되었을 때, 그때가 바로 액체 상태야. 낱낱으로 떨어져 있는 구슬들이 가득 담겨 있는 컵을 생각해 봐. 이제 구슬들은 이동할 수 있어. 단, 덜그럭거리면서 말이야.

덜그럭덜그럭 소리가 난다는 뜻이냐고? 아니~, 분자 간에 부딪히고 접촉하면서 이동한다는 뜻이야. 컵 안의 구슬을 휘저었을 때 구슬이 서로 부딪혀 가며 이동하는 것을 떠올리면 이해가 쉬울 거야.

액체 상태에서 만족하지 말고 계속 가열해 보자. 액체는 고체보다 분자 상태가 자유롭기 때문에 진동은 물론 회전도 활발하게 일어날 거야. 그러다 보면 구슬 간 간격도 제법 벌어지겠지. 그 상태에서 계속 가열하다 보면 어느 순간 "이곳은 너무 답답해." 하며 뿅 튀어 나가는 구슬이 생기지. 일단 한 개가 튀어 나가기 시작하면 "이때다~" 하면서 다른 구슬들도 공중으로 뿅뿅 튀어 나갈 거야. 그렇게 해서 모든 구슬들이 남김없이 공중으로 튀어 나갔을 때, 그때가 바로 기체 상태야.

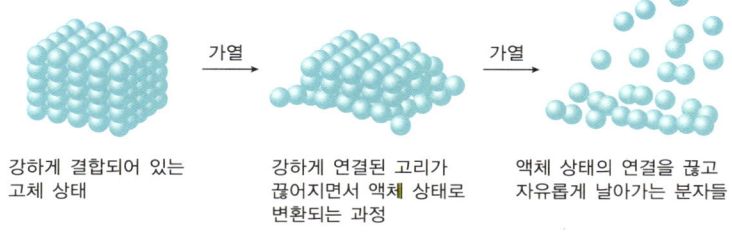

강하게 결합되어 있는 고체 상태 → 가열 → 강하게 연결된 고리가 끊어지면서 액체 상태로 변환되는 과정 → 가열 → 액체 상태의 연결을 끊고 자유롭게 날아가는 분자들

뒤집어서 생각해 볼까? 자유롭게 날아다니는 기체가 에너지를 방출한다는 건 자기가 갖고 있는 에너지를 잃어버린다는 뜻이야. 에너지가 떨어지면 날아다니는 게 힘들어서 밑으로 떨어지겠지. 액체 상

태가 되는 거야. 그 상태에서 계속 에너지를 빼앗기면 "추워~" 하며 점점 움츠러들다가 마침내 서로 엉킨 채로 굳어 버리게 돼. 고체 상태가 되는 거지. 열에너지를 계속 흡수하거나 방출하면 상태 변화가 일어나는 이유, 이제 알겠지?

이참에 상태 변화에 따라 열에너지가 어떻게 출입하는지 말끔하게 정리해 줄게. 해당 변화 뒤에 '~열'만 붙이면 돼.

고체가 액체로 되는 건 융해, 융해에 필요한 열은 융해열, 액체가 기체로 되는 건 기화, 기화에 필요한 열은 기화열. 오케이?

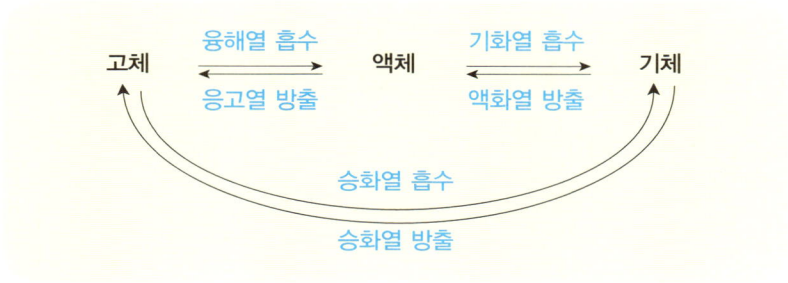

 엄마표 간단 정리

- 열에너지는 분자의 운동 및 결합에 영향을 끼치고 물질의 상태 변화를 일으킨다.
  - 열을 받아서 분자 운동이 활발해지면 분자 간 결합이 약해지거나 끊어진다.
  - 열을 빼앗겨서 분자 운동이 위축되면 분자 간 결합이 강해지거나 엉겨 붙는다.

3
열에너지를 흡수하는 상태 변화

물질의 상태 변화는 열에너지의 흡수 또는 방출과 관계가 있어 그중에서 먼저 열에너지를 흡수하는 상태 변화부터 살펴보자고. 열에너지를 흡수하는 변화는 융해, 기화, 승화, 이렇게 세 가지야.

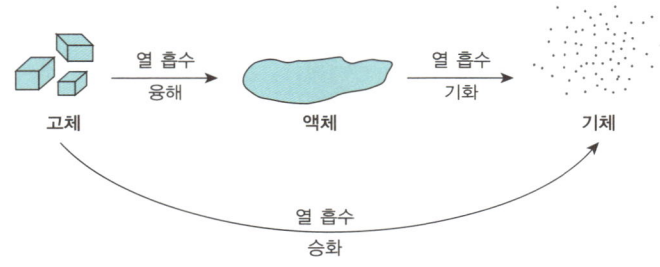

● 융해 (고체 → 액체)

버터를 프라이팬에 넣고 가열하면 버터가 흐물흐물해지다가 기름으로 변해. 얼음을 냉동실에서 꺼내 두면 서서히 녹아 물이 되지. 이렇듯 딱딱하게 굳은 상태인 고체에 열을 가하면 고체의 온도가 점점 올라가다가 어느 순간 녹기 시작하는데, 이때가 바로 융해 시작! 이후 고체가 계속 녹다가 마침내 전부 액체 상태로 변했을 때, 이때가 바로 융해 끝.

여기서 주의해서 볼 건 온도 변화야. 고체를 가열하기 시작하면 처음엔 고체의 온도가 올라가기 시작해. 그런데 일단 고체가 녹기 시작하면 그때부턴 온도가 더 이상 올라가지 않고 일정하게 유지돼. 고체가 모두 액체 상태가 될 때까지 온도는 그대로야.

계속 가열하고 있는데 왜 온도가 안 올라갈까? 그 이유는 가열에 의한 열에너지가 온도를 높이는 데 쓰이지 않고 상태 변화, 즉 고체 상태를 액체 상태로 바꾸는 데 쓰이고 있기 때문이야.

이렇듯 고체인 물질이 막 녹기 시작하는 시점에서 액체로 완전히 탈바꿈할 때까지 일정하게 유지되는 온도가 녹는점이야. 그리고 그 동안에 들어간 열에너지는 '고체를 액체로 만드는 데 쓰였다'고 해서 융해열이라고 해.

● **기화 (액체 → 기체)**

고체가 모두 녹아서 액체로 변한 뒤에도 계속 열을 가하면 액체의 온도가 올라간단다. 그와 함께 액체 상태의 분자들 간격이 슬금슬금 멀어지고 분자 운동이 점점 빨라지다가 어느 순간 분자가 다른 분자와의 결합을 끊고 훨훨 공기 중으로 날아갈 거야. 끓기 시작하는 거지. 이후 더해지는 열에너지는 모두 상태 변화에 쓰이고 액체 상태였던 물질이 모두 기체로 바뀔 때까지 온도는 변하지 않아. 이때의 온도가 바로 끓는점이고, 이 기간 동안 흡수한 열에너지가 기화열이야.

 1기압에서 물의 끓는점은 100℃야. 즉 100℃가 되면 물이 수증기로 변하기 시작하고, 이후 몽땅 수증기가 되어 날아갈 때까지 일편단심 100℃를 유지하는 거야. 1기압에서 120℃, 130℃인 물은 없어. 왜냐고? 100℃에서 물은 모두 수증기로 바뀌니까.

 액체 상태까지만 해도 분자 간 결합이 완전히 끊긴 건 아냐. 앞에서 본 덜그럭거리며 움직이는 구슬들, 기억나지?! 하지만 기체 상태에선 분자 간 연결이 거의 없다시피 해. 훨훨 날아다니는 구슬들! 그

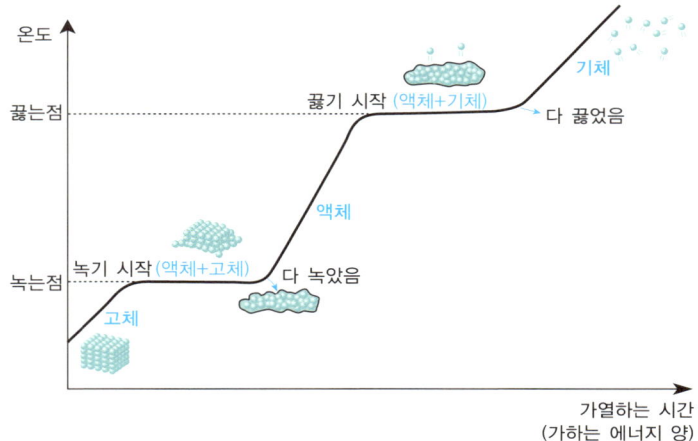

〈물질을 가열할 때, 물질의 온도에 따른 상태 변화〉

래서 기체는 마음대로 퍼져 나갈 수 있고 팽창할 수 있어. 참고로 물이 수증기로 되면 부피는 약 1600배 늘어나지.

그러면 여기서 잠깐 고체 → 액체 → 기체로 변하는 과정을 그래프로 한번 살펴보자고~. 물질을 가열하면 온도에 따라 앞의 그래프와 같이 상태 변화가 일어나게 되지.

● 승화 (고체 → 기체)

고체가 열을 흡수하면 액체, 액체가 열을 흡수하면 기체. 대개 물질의 상태는 한 단계씩 차근차근 변해.

그런데 승화는 고체가 중간 단계인 액체 상태를 뛰어넘고 기체로 변하거나 기체 상태에서 바로 고체로 변하는 현상이야. 그중에서 열에너지를 흡수하는 승화는 고체 상태에서 바로 기체로 변하는 것을 말하지. 특별히 '승화성 물질'이란 게 있어. 분자 간 결합이 아주 약한 물질이지. 온도를 낮추거나 센 압력으로 꾹꾹 누르고 있으면 간신히 고체 상태를 유지하고 있지만 온도가 조금만 올라가거나 주위에 빈틈이 보인다 싶으면 분자 간 결합이 일순간에 끊어지면서 기체 상태가 돼. 대표적인 승화성 물질로는 아이오딘, 나프탈렌, 드라이아이스 등이 있어.

드라이아이스는 이산화탄소를 높은 압력과 낮은 온도에서 고체 상태로 만든 거야. 실온에 놓아두면 곧바로 주위의 열을 흡수해 기체로 바뀌면서 주변 온도를 낮추기 때문에 냉각제로 많이 쓰이지. 옷장 속에 넣어 두는 나프탈렌 또한 액체 상태를 거치지 않고 기체가 되기 때문에 옷이 젖을까 걱정하지 않아도 돼. 또 실험실에서 시약이나 촉매제로 많이 사용하는 아이오딘도 상온에 두면 고체 상태에서 바로 기체가 되어 날아가기 때문에 이를 방지하기 위해 유기 용매에 녹여 용액 형태로 보관해.

일반 물질도 상황에 따라 승화할 때가 있어. 혹시 "냉동실에 음식을 오래 두었더니 말라 버렸네." 하는 엄마의 말, 들어 본 적 있니? 냉동실에 음식을 보관하면 음식물 속 수분이 얼어서 작은 얼음 알갱이가 되었다가 조금씩 승화되어 빠져나가기 때문이야. 냉동실에 얼음을 오랫동안 놓아두면 얼음의 크기가 조금씩 작아지는 것도 이와 유사한 현상이야. 얼음 표면의 분자들이 조금씩, 아주 조금씩 공기 중으로 빠져나간 거지. 그러니까 냉동실에 음식을 너무 오래 두지 말고 적당한 때에 꺼내서 맛있게 먹자고~.

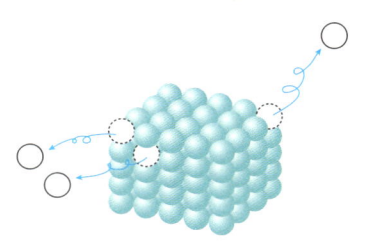

얼음 상태에서 승화되는 물 분자들

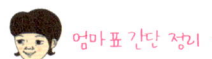 엄마표 간단 정리

- 열에너지를 흡수하는 상태 변화

  고체 →(융해)→ 액체 →(기화)→ 기체   고체 →(승화)→ 기체

- 물질의 상태 변화가 일어나는 동안에는 주입한 열에너지가 온도를 올리는 데 쓰이지 않고 상태 변화에 쓰이기 때문에 물질의 온도는 일정하다.

read 책이 젖었을 때는 냉동실에서 말려라!

책에 물을 왕창 쏟았을 때 어떻게 하지? 잘못 말리면 종이가 쭈글쭈글. 드라이어로 말려도 안 되고, 그늘에 말려도 안 되고, 종이마다 휴지를 끼워 넣은 뒤 무거운 돌멩이를 눌러놔도 안 되고…. 그런데 말이야, 거의 완벽하게 원상 복귀시키는 방법이 있어. 그 방법은 다음과 같아.

첫째, 마른 수건으로 젖은 부분을 눌러서 표면의 물기를 재빨리 제거한다.
둘째, 책을 덮어서 냉동실에 넣는다.
셋째, 시간이 흐른 후 책을 꺼내면 종이의 섬유질 사이에 형성된 얼음 알갱이들이 승화되면서 책이 원래 상태로 돌아온다.

원리는 이래. 물에 젖은 책을 그대로 두면 종이를 구성하는 섬유질의 배열이 흐트러져서 종이 전체가 쭈글쭈글하게 돼. 하지만 그렇게 되기 전에 최대한 빨리 냉동실에 넣으면 섬유질 사이에 스며들었던 물 분자가 급속하게 얼면서 부피가 팽창하고, 좁혀졌던 섬유질의 간격을 넓혀 주면서 더 이상 배열이 흐트러지지 않게 되는 거야. 그 후 책을 꺼내 실온에 놓아두면 섬유질 사이의 얼음들이 샤악~ 승화되면서 자연스럽게 섬유질에서 빠져나가게 되지.

그렇다고 실험한다면서 일기장을 일부러 물에 적시진 말기!!!

4 열에너지를 방출하는 상태 변화

열에너지를 방출하는 상태 변화도 세 가지야. 액화, 응고, 승화.

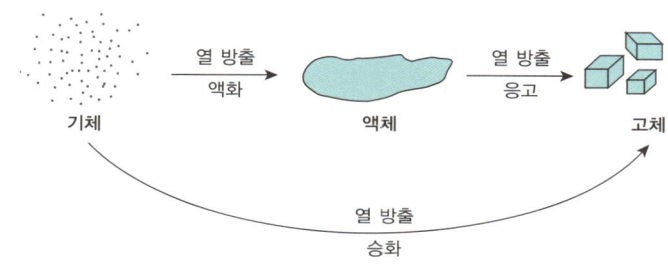

● **액화 (기체 → 액체)**

신 난다~ 하며 공기 중을 돌아다니는 기체 분자를 상상해 보자. 주위 온도를 차츰차츰 낮추면 기체 분자는 슬슬 힘이 빠지게 돼. 그러다 마침내 날아다닐 힘을 잃은 분자들끼리 엉겨 붙기 시작하면서 아래로 툭툭 떨어져선 액체가 되지. 이렇듯 기체 상태의 분자가 액체 상태로 변하는 현상을 액화라고 해.

앞에서 얘기했던 김과 수증기의 차이, 기억나? 물을 끓이면 액체 상태의 물이 기체인 수증기가 되고, 수증기가 주위의 찬 공기와 만나 다시 식으면 작은 물방울인 김이 된다고 했지. 기체 상태의 물질을 냉각시키면 물질은 자신이 갖고 있던 열에너지를 방출하면서 그 자신의 온도가 내려가게 돼. 하지만 액체로 변하기 시작하면서부터는 자기 자신의 온도가 내려가지 않는데, 그 이유는 그때부터 방출되는 열에너지는 온도가 내려가면서 나오는 게 아니라 물질이 기체 상태에서 액체 상태로 변하면서 방출하는 에너지이기 때문이야. 따라서 기체가 모두 액체 상태로 바뀔 때까지는 온도가 변하지 않고 일정하게 유지되는데 이 온도를 액화점, 이 기간 동안 방출한 열에너지를 액화열이라고 해.

● 응고 (액체 → 고체)

액체 상태인 물질의 주변 온도가 계속 내려가면 어떻게 될까? 물질을 이루는 분자들의 운동 속도가 점점 느려지고 분자 간 거리도 점점 줄어들다가 어느 순간 "아이코, 움직일 힘도 없네." 하면서 멈춰 버릴 거야. 고체가 되는 거지. 고체 상태가 되면서 액체 상태일 때 분자가 갖고 있던 운동에너지는 더 이상 필요 없게 되면서 열에너지 형태로 방출할 테고, 완전한 고체가 될 때까지 온도는 더 이상 내려가지 않고 일정하게 유지돼. 이처럼 액체에서 고체 상태가 될 때 일정하게 유지되는 온도가 응고점이야. 물질이 모두 고체 상태가 되면, 그때부터 다시 온도가 내려가겠지.

그러면 여기서 잠깐 기체 → 액체 → 고체로 변하는 과정을 그래프로 한번 살펴보자고~. 물질을 냉각하면 온도에 따라 아래 그래프와 같이 상태 변화가 일어나게 되지.

〈물질을 냉각시킬 때, 물질의 온도에 다른 상태 변화〉

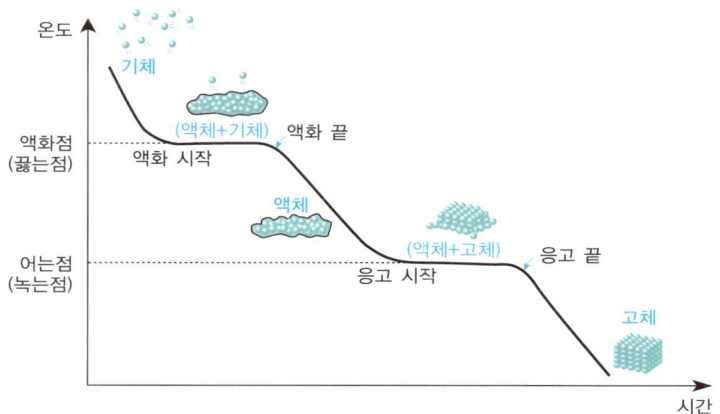

● 승화 (기체 → 고체)

낮은 온도에서는 공기 속 수증기들이 액체 상태를 거치지 않고 곧바로 얼음이 돼. 서리와 성에처럼 말이야. 여기에 한 가지 더! 추운 겨울 하늘에서 펄펄 내리는 눈도 승화 과정을 통해 생긴 거야.

눈은 대기 중에서 생긴 얼음 결정이 아래로 떨어지는 거야. 겨울 하늘의 온도는 매우 낮아. 그래서 하늘에 있던 수증기 입자가 액체 상태를 건너뛰고 곧바로 고체인 작은 얼음 알갱이가 되는 거지. 즉 기체에서 고체로 승화된 거야.

이 작은 얼음 알갱이에 주변의 수증기들이 달라붙어서 얼음 층을 형성하고, 그 위로 또 다른 수증기들이 달라붙어서 또 다른 얼음

층을 형성하고…. 이렇게 수많은 얼음 층들이 쌓여서 얼음 결정이 만들어지지.

이참에 눈의 종류도 좀 알아볼까? 겨울철에 내리는 눈의 종류에는 크게 다음과 같은 것이 있어.

- 함박눈(snow flake): 영하 15℃ 정도, 상대적으로 높은 온도에서 형성되는 눈. 여러 개의 눈 결정이 서로 엉겨 붙어서 형성된다. 굵고 탐스럽다.
- 싸락눈(snow pellets): 영하 30℃ 이하의 낮은 온도에서 만들어지는 눈. 쌀알 같이 생겼고, 잘 뭉쳐지지 않는다.
- 가루눈(powder snow): 전혀 뭉쳐지지 않는, 상당히 건조한 눈. 실제로 보면 백색의 불투명한 얼음 알갱이다.
- 진눈깨비(sleet): 눈이 녹아서 비와 함께 섞여서 내리는 것.

 엄마표간단 정리

- 열에너지를 방출하는 상태 변화

고체 —(액화)→ 액체 —(응고)→ 고체   기체 —(승화)→ 고체

- 물질의 온도를 떨어뜨리면 어느 순간부터 물질의 상태가 변하면서 열에너지를 방출한다. 이렇게 물질의 상태 변화가 일어나는 동안에는 물질의 온도가 일정하게 유지되다가 상태 변화가 끝난 후부터 다시 온도가 낮아진다.

5 물질의 상태 변화와 주변 온도 변화

얼음 덩어리 주변은 왜 시원할까? 그 이유는 주위 온도가 얼음보다 높기 때문에 주위에 있던 열에너지가 얼음으로 이동하기 때문이야. 열에너지를 받은 얼음은 '열 받아서' 녹게 되고, 주위는 얼음에게 빼앗긴 열에너지만큼 시원해지지.

이렇듯 물질이 열에너지를 흡수하는 상태 변화가 일어나는 경우에 주변의 온도는 낮아져. 반대로 물질이 열에너지를 방출하는 상태 변화가 일어나면 주변의 온도는 높아지게 돼.

● **열에너지를 방출하는 상태 변화와 주변 온도**

① 기체 → 고체

일기예보에서 기상 캐스터가 "눈이 내리면서 날씨가 다소 푸근해지겠습니다."라고 말하는 거 들어봤니? 눈이 내리기 전에는 날씨가 아주 춥다가도 막상 눈이 내리면 기온이 다소 올라가기 때문이야. 눈은 공기 중의 수증기가 얼어붙는 거야. 기체에서 고체로 변하는 거지. 기체가 고체로 변할 때 갖고 있던 운동에너지를 열에너지 형태로 방출하는 건 알지?! 그 덕에 눈이 내리면 주위 온도가 올라가는 거야.

얼음 물 옆은 시원해~

뜨거운 찻잔 옆은 더워!

② 기체 → 액체

 욕조에 뜨거운 물을 받아 놓고 잠시 후에 욕실에 들어가 보면 욕실 전체가 뿌옇게 된 채 훈훈해진 것을 발견할 수 있을 거야. 그 이유는 뜨거운 수증기가 찬 공기를 만나 작은 물방울로 변하면서 갖고 있던 열에너지를 방출했기 때문이야. 참, 이때 뿌연 안개의 정체는 수증기가 아니라 김이라는 사실을 명심할 것!!

 수증기와 김이 어떻게 다르냐면, 일단 수증기는 눈에 안 보여. 수증기는 기체야. 그리고 김은 수증기가 응결해서 생긴 작은 물방울이야. 즉 액체지. 물이 끓으면 김이 생기지? 이건 끓으면서 나온 수증기가 찬 공기와 접하면서 만들어지는 거야. 그리고 김은 겨울에 더 많이, 더 뚜렷하게 볼 수 있어. 왜냐고? 주위가 차가울수록 수증기가 더 빨리, 더 많이 식어서 물방울이 생기니까.

③ 액체 → 고체

액체형 손난로의 금속 버튼을 누르면 손난로 안에 들어 있던 액체가 순식간에 고체가 되면서 열에너지를 방출하고 손난로는 따뜻해지지. 열을 다 방출하고 난 뒤에 차갑게 굳어 버린 손난로를 다시 쓰고 싶다면? 굳어 버린 손난로를 끓는 물에 넣어서 다시 액체 상태로 만들면 돼.

이 손난로와 비슷한 원리를 저 추운 땅에 사는 에스키모들도 실천하고 있어. 에스키모들은 날씨가 너무 추우면 이글루 안에 물을 뿌려. 그러면 물이 순식간에 얼면서 열을 방출하기 때문에 이글루 안의 온도가 조금이나마 상승하게 되지. 겨울철 과일 창고 한가운데에 물통을 넣어 두는 것도 같은 이유에서야. 물통 속의 물이 얼면서 방출한 응고열 덕에 과일이 얼지 않게 되는 거야.

여기서 잠깐! 휴대용 손난로의 비밀에 대해 조금 더 알아보자고~. 겨울에 우리들이 흔히 쓰는 액체형 손난로는 두꺼운 비닐 속에 투명한 겔 상태의 용액과 금속 단추가 들어 있어.

겔 상태의 물질은 티오황산나트륨($Na_2S_2O_3$) 또는 아세트산나트륨(CH_3CO_2Na)의 과포화 용액이야.

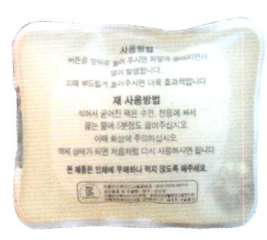
액체 상태일 때의 손난로. 오른쪽 아래로 흐릿하게 금속 버튼이 보인다.

과포화 용액이란 어떤 온도에서 최대한 녹을 수 있는 양보다 더 많은 양의 용질이 녹아 있는 용액이야. 과포화 용액은 만들기도 어렵지만, 간신히 만들어 놔도 살짝 건

드리기만 하면 순식간에 결정화가 돼 버려.

 손난로를 펄펄 끓는 물에 넣어서 충분한 열에너지를 흡수시키면 포화 상태일 때보다도 많은 양의 용질을 녹일 수 있게 돼. 과포화 용액이 되는 거지. 이걸 조심스럽게, 천천히 식히면 돼. 손난로에 쓰이는 용액들은 과포화 상태가 비교적 안정해서 큰 충격만 주지 않으면 용액 상태를 그럭저럭 유지하거든.

 이렇게 만들어진 손난로를 갖고 다니다가 춥다 싶으면 금속 단추

현열 vs. 잠열

물질에 열을 가하면 어떤 경우는 물질의 온도는 그대로인 채 상태만 변하고 또 어떤 경우는 물질의 상태는 변하지 않고 온도만 변해. 그리고 물질의 온도가 변하느냐, 상태가 변하느냐에 따라 열에너지는 현열과 잠열로 나뉘지.

먼저 현열(顯熱, sensible heat)은 물질의 상태 변화가 일어나지 않는 선에서 온도 변화에 필요한 열이야. 쉽게 말해 물질의 온도를 올리고 내리는 데 필요한 열이지. 냄비 안의 물이 20℃에서 30℃가 될 때 상태는 그대로인 채 온도만 올라갔잖아. 이때 가해진 열이 현열이야. 현열은 사람의 감각이나 온도계 등으로 쉽게 측정할 수 있어.

그리고 잠열(潛熱, latent heat)은 물질의 상태가 변하면서 방출 또는 흡수하는 열이야. 물질의 상태 변화에 쓰이기 때문에 물질 자체의 온도는 변하지 않아. 예를 들어 100℃ 물이 100℃ 수증기가 되려면 열을 흡수해야 해. 이렇게 만들어진 수증기가 다시 물이 되려면 흡수했던 양만큼의 열을 도로 방출해야 하지. 이때 물과 수증기는 상태만 다를 뿐 온도는 둘 다 100℃야. 이처럼 물질의 상태가 변할 때 이동하는 열을 잠열이라고 해. 잠열은 온도계나 센서 같은 것으로는 측정할 수 없어.

를 누르는 거야. 그러면 금속이 '딸깍' 하고 구부러지면서 발생한 열에너지가 주변의 과포화 용액에 전달되어 불안정했던 상태가 깨지게 되고, 순식간에 비닐주머니 안의 용액 전체가 액체에서 고체로 결정화되면서 뜨끈뜨끈한 응고열이 방출돼.

  용액이 모두 결정화되고 나면 손난로는 차갑게 굳어 버리지. 하지만 버리지는 마. 뜨거운 물에 봉지를 넣고 열을 가하면 결정이 녹아서 다시 과포화 상태의 용액이 되니까. 재활용!!!

● 열에너지를 흡수하는 상태 변화와 주변 온도

① 고체 → 액체

  이른 봄, 호숫가 지역은 다른 지역보다 추워. 겨울 내내 얼어 있던 호수 위의 얼음이 녹으면서 주변의 열을 흡수하거든. 즉 주변의 에너지를 빼앗아서 자신을 녹이는 데 쓰는 거지. 손을 얼음 가까이 가져가면 차가운 기운이 느껴지는 것도 마찬가지 이유야. 얼음이 녹으면서 주위의 열에너지를 흡수하기 때문에 얼음 주변의 온도가 내려가는 거지.

② 액체 → 기체

  스킨로션을 얼굴에 바르면 시원하지? 그 이유는 스킨로션이 증발하면서 피부의 열을 빼앗아 가기 때문이야. 또 등산할 때 사람들이 물통을 젖은 손수건으로 싸서 들고 다니는 것, 아파서 열이 펄펄 나는 아이의 몸을 미지근한 물에 적신 수건으로 닦아 주는 것 등도 같은 이유야.

③ 고체 → 기체

아이스크림 가게에서 아이스크림을 포장할 때 직원이 집까지 가는 데 걸리는 시간을 물어보고 드라이아이스를 함께 넣어 주는 것 기억나지? 드라이아이스는 고체에서 기체로 승화되는 물질이야. 고체에서 기체가 되려면 주변의 열을 흡수해야 해. 따라서 드라이아이스 주위의 온도는 낮아지고, 덕분에 아이스크림은 녹지 않겠지.

열을 흡수하는 상태 변화가 일어날 때 주위의 온도는 낮아진다는 것, 이제 확실히 알겠지?

 엄마표간단 정리

- 물질이 열을 흡수하는 상태 변화, 즉 융해, 기화, 승화(고체→기체)를 일으키면 주변의 온도는 내려간다.
- 물질이 열을 방출하는 상태 변화, 즉 응고, 액화, 승화(기체→고체)를 일으키면 주변의 온도는 올라간다

 **read** 물이 변하면 날씨도 변해요

　구름은 작은 물방울로 이루어져 있어. 더 정확히 얘기하자면, 구름은 대기권의 상층에서 수증기가 응결해서 만들어진 물방울들이 모여 있는 상태야. 기체였던 수증기가 상승하면서 액체로 바뀌는 이유는 온도가 낮아지기 때문이야. 기압이 낮아지면 부피가 팽창하면서 기체의 온도가 낮아지는데, 이를 단열냉각이라고 해. 즉 단열냉각이란 열의 출입이 없는 상태에서 온도가 낮아지는 현상이야.

　하지만 수증기의 온도가 낮아진다고 해서 수증기가 다 구름이 된다면 하늘은 365일 24시간 내내 구름으로 덮여야 할 거야. 어디든지 간에 높이 올라갈수록 온도는 낮아지게 마련이니까.

　수증기가 구름이 되려면 '온도가 낮아진다'란 조건에 '갑작스럽게'란 말이 더 들어가. 공기의 흐름이 산등성이를 타고 빠른 속도로 올라간다거나 지표면의 온도가 불균등해서 공기가 불안정한 속도로 상승 또는 하강할 때나 찬 공기와 더운 공기가 맞부딪칠 때 구름이 활발하게 형성된다는 거지.

　그런데 구름이 작은 물방울이라면 어떻게 증발하지 않고 그렇게 오래 하늘을 떠다니냐고? 사실, 구름도 증발해. 구름 속을 자세히 들여다보면 물방울 하나하나가 증발했다가 다시 응결하는 과정을 끊임없이 반복하는 걸 관찰할 수 있어. 단지, 그러한 물방울들이 수없이 많기 때문에 멀리서 보면 마치 물방울 덩어리가 유유하게 떠 있는 것처럼 보일 뿐이야. 그러다 서로 부딪치고 엉겨 붙어서 만들어진 물방울이 아래로 떨어지는 게 바로 비야.

　구름은 과냉각된 냉동실과도 같아. 그 안에는 차가운 물방울과 더불어 얼음 알갱이가 있고, 차가운 물방울과 얼음 알갱이를 한군데로 모아 주는 작은 입자인 빙정핵(氷晶核, nucleus of ice crystal)도 있어. 빙정핵은 대기 중에 있던 화산재나 황사, 점토 등의 먼지일 수도 있고, 함께 있던 얼음 알갱이가 될 수도 있어. 과냉각된 물방울 또는 얼음 알갱이가 이러한 입자들에 닿는 순간 얼어붙고, 그 위로 다른 물방울이 닿아 얼어붙고…, 이러한 과정이 반복되면서 결정이 성장하게 되는 거야. 그리고 이렇게 성장한 얼음 결정이 땅으로 떨어지는 게 바로 눈이지. 눈은 땅으로 내려가는 도중에도 공기 속의 수증기 입자 또는 다른 결정이 달라붙으면서 크기가 더 커지게 돼.

함박눈이 펑펑 내리면 어른들이 하늘을 보며 "날씨를 보아하니 따뜻해지겠구먼."이라고 하실 때가 있어. 어른들은 경험에서 하신 말씀이겠지만, 알고 보면 무척이나 과학적인 얘기야. 함박눈은 날씨가 비교적 포근할 때 내리고, 가루눈은 꽁꽁 얼어붙는 날씨에 내려. 왜냐고? 날씨가 매우 추울 경우, 얼음 결정들끼리 떨어지면서 부딪혀도 각자 꽁꽁 얼어 있기 때문에 달라붙질 않아. 결정끼리 달라붙으려면 접촉하는 부분이 녹았다가 다시 얼어야 하는데 처음부터 녹질 않으니 붙을 수 없는 거지. 이에 비해 날씨가 비교적 포근하면 결정들끼리 만났을 때 접촉된 부분이 순간적으로 녹았다가 다시 얼어붙으면서 큼직한 함박눈이 돼.

참고로 눈의 결정은 대부분 육각형이야. 물 분자는 H_2O, 즉 수소 원자 2개와 산소 원자 1개로 이루어졌거든. 이들이 결합할 때 서로 고리 모양으로 연결되기 때문이지.

눈은 기본 골격은 육각형이지만, 결정이 형성될 때의 온도 및 습도 등의 조건에 따라 다양한 모양이 만들어져. 일반적으로 온도 또는 습도가 높을수록 눈이 쉽게 엉겨 붙을 수 있기 때문에 가지를 많이 친 모양, 즉 '복잡한' 모양이 나오게 되지.

 **check** 문제 풀며 확인하기

1. 물 컵을 잡았을 때 손이 따뜻하게 느껴진다면 그 물은 우리의 (   )보다 온도가 높은 물이다. 왜냐하면 물 컵을 잡았을 때 (   )에 있던 열에너지가 (   )으로 이동하면서 (   )을 따뜻하게 해 주기 때문이다.

2. 다음 그림은 물질의 상태 변화를 나타낸 것이다.

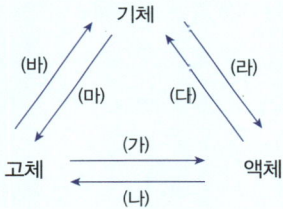

① 열에너지를 흡수하는 구간을 모두 적고 각각의 이름을 쓰시오.
② 열에너지를 방출하는 구간을 모두 적고 각각의 이름을 쓰시오.

3. 다음은 −10℃의 얼음을 가열했을 때 시간에 따른 온도 변화를 그래프로 나타낸 것이다.

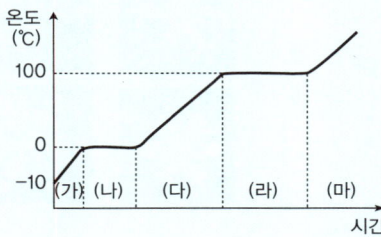

① 다음 구간에서 물질이 어떤 상태인지 적으시오.
   (가):   (다):   (라):
② (가)~(마) 중에서 분자의 운동 상태가 가장 활발한 구간은?
③ (가)~(마) 중에서 융해가 일어나고 있는 구간은?
④ (나)에서 일정하게 유지되는 온도를 무엇이라 부르는가?
⑤ 분자 사이의 인력이 가장 큰 구간은?

4. 열에너지를 가장 많이 갖고 있는 순서대로 쓰시오.
   ① 0℃ 얼음 100g
   ② 100℃ 수증기 100g
   ③ 50℃ 물 100g
   ④ 0℃ 얼음 50g
   ⑤ 0℃ 물 100g

5. 다음 그림은 물질의 상태 변화를 나타낸 것이다. ①~③까지의 현상이 (가)~(마) 중 어디에 해당되는지 쓰고, 각각의 경우가 어떤 열에너지를 흡수하는 것인지, 방출하는 것인지도 함께 쓰시오.

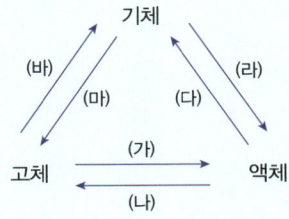

① 한겨울에 응달에 쌓여 있던 눈이 녹지는 않으면서 크기만 줄었다.
② 냉장고에서 꺼낸 차가운 컵 표면에 물방울이 맺혔다.
③ 샤워 직후에 선풍기 바람을 쐬면 더욱 시원하게 느껴진다.

4장

Chemistry

열에너지

 오븐 속에서 서서히 부풀어 오르는 빵 반죽을 보면 나는 너무 행복해. 그런데 이거 아니? 밀가루 반죽뿐만 아니라 반죽을 올려놓은 금속 틀은 물론이고 오븐 속 공기도 빵과 함께 팽창하고 있다는 사실 말이야.

 열에너지는 참으로 많은 일을 해. 열이 물질의 상태를 바꾼다는 건 앞에서 얘기했지? 사실 물질의 상태가 바뀌지 않는 동안에도 열에너지는 분자들 사이를 끊임없이 이동하면서 물질의 온도와 부피를 변화시키는가 하면 주위 온도와 균형을 맞추는 일을 하고 있어.

 이 장에서는 열에너지란 도대체 무엇인지, 어디서 생겨나는지 등 열에너지의 근원을 파헤쳐 볼 거야. 그런 다음에 열에너지의 이동 원리 및 열에너지가 이동하는 세 가지 방법, 즉 전도와 대류, 복사에 대한 개념을 확인하고, 각각의 방법에 따른 열의 이동 경로를 차근차근 알려 줄게. 또 열에너지를 받은 물질들의 부피가 어떻게 변하는지 비교하고, 물질마다 제각각인 열전도율과 열팽창률을 살펴볼 거야. 그러다 보면 오븐 속 빵 반죽 말고도 우리 집 부엌에 있는 물건 하나하나가 다 새롭게 보일 거야.

1 열은 분자의 운동에서 나와요

물질의 3가지 상태는 고체, 액체, 기체이고 이 3가지 상태는 열에너지의 이동에 따라 변해. 열에너지는 물질의 상태는 물론이고 물질의 온도도 좌우하지. 열에너지의 단위는 cal(칼로리) 또는 $kcal$(킬로칼로리)를 써. 단위에 대해선 뒤에서 자세히 설명해 줄게.

열에너지는 물질을 이루는 분자의 운동에서 생겨나. 따라서 '열에너지 = 분자의 운동에너지'라고 볼 수 있어.

다시 한 번 이야기하자면, 분자는 쉴 새 없이 운동하고 있어. 고체 상태의 분자는 이동은 못해도 제자리에서 끊임없이 진동 운동을 해. 액체 상태의 분자는 진동도 하고 회전도 하고 덜그럭거리며 이동도 하지. 기체 상태의 분자들은 자유롭게 이동해. 진동, 회전, 이동에 거침이 없어. 이렇게 다양한 형태로 움직이는 분자들의 운동에너지가 열에너지로 나타나는데, 물질의 상태가 다르면 분자들의 운동 상태가 다르고, 운동 상태가 다르니까 운동에너지가 다르고, 운동에너지가 다르니까 열에너지도 다르겠지.

그렇다면 물질의 상태가 같은 경우는 어떨까? 둘 다 고체라면 또는 둘 다 액체라면 두 물질이 가지고 있는 열에너지의 양은 같을까, 다를까?

자, 여기 쇠구슬 두 개가 있어. 그중 한 개만 뜨거운 물에 담갔다가 꺼내 보자고~.

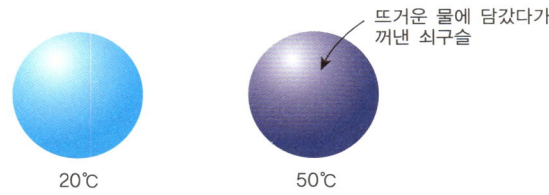

두 구슬 모두 고체 상태이지만, 각각의 온도는 달라. 하나는 20℃이고 다른 하나는 50℃이지. 이 경우, 분자들의 운동 상태는 어떨까?

둘 다 고체 상태니까 양쪽 분자 모두 진동 운동만 하고 있을 거야. 하지만 진동 크기, 즉 진동하는 정도는 달라. 온도가 낮은 구슬에서는 분자들이 약하게 진동하지만, 온도가 높은 구슬에서는 좀 더 세차게, 진동 폭도 크게 움직이지. 양쪽의 운동 모두 분자 간 결합이 끊어질 정도는 아니야. 하지만 진동하는 정도가 다르기 때문에 거기서 나오는 운동에너지, 즉 열에너지의 크기가 다르고 쇠구슬의 온도도 달라진단다.

 엄마표 간단 정리

- 열에너지는 물질의 온도 및 상태 변화를 일으킨다.
- 열에너지는 분자의 운동에너지에서 나온다.

2 열은 끊임없이 옮겨 다녀요

열은 끊임없이 이동해. 한곳에 머무르지 않아. 예를 들어 냄비에 물을 담아 가스레인지 위에 놓고 가열하면 불에 있던 열에너지가 냄비로 이동하고, 이어서 냄비 속 물로 이동해서 물이 끓게 돼. 가스레인지의 불을 끈 후 끓는 물이 담겨 있는 냄비를 식탁 위에 올려 두면 냄비와 물 둘 다 천천히 식게 돼. 그렇다고 물과 냄비에 있던 열에너지가 사라진 건 아니야. 단지, 냄비 주변으로 퍼져 나간 거지.

열의 이동에는 중요한 법칙이 있어. 열의 이동 법칙을 배우기 전에 먼저 아래 문제를 한번 풀어 보자고~.

> **[문제] 다음 중에서 일어날 수 없는 일은?**
> ① 여름에 냉장고에서 꺼낸 차가운 물이 곧 미지근해진다.
> ② 뜨거운 국을 식탁 위에 놓아두면 식는다.
> ③ 커피머신에서 갓 내린 커피의 온도가 점점 올라간다.

정답은 ③번이야. ③번은 ①, ②번과 어떤 차이가 있을까? ①, ②는 온도가 점점 낮아지는데 ③은 점점 온도가 올라간다고? 땡! 틀렸습니다. ①번 역시 차가운 물이 미지근해지는 거니까 처음 온도보다 높아지는 경우야.

사람들에게 이 문제를 내면 대부분 정답을 맞추기는 하는데, 왜 그런지 그 이유는 잘 설명하지 못하더라고. 그건 말이야, '열의 이동 법칙'을 정확하게 알지 못하기 때문이야. 열의 이동에는 다음과 같은 두 가지 법칙이 있어.

첫째, 열은 온도가 높은 곳에서 낮은 곳으로 이동한다: 두 곳의 온도를 비교했을 때 뜨거운 곳의 온도는 내려가고, 차가운 곳의 온도는 올라간다.

둘째, 접촉하고 있는 두 물체의 온도는 서로 온도가 같아질 때까지 계속 변한다: 두 물체의 온도가 같아질 때까지 열이 계속 이동한다.

열의 이동 법칙을 생각하면서 앞의 문제를 다시 한 번 찬찬히 들여다보자고~.

①번, 냉장고에서 꺼낸 찬물이 미지근해진다.

물 주위에는 뭐가 있지? 후덥지근한 여름날의 공기가 있어. 따뜻한 공기와 차가운 물이 접촉하고 있으면 따뜻한 공기가 차가운 물에게 자신이 갖고 있는 열의 일부를 주게 돼. 따라서 주변 공기의 온도는 내려가고 찬물의 온도는 올라가서 미지근해지는 거야.

②번, 식탁 위의 뜨거운 국이 식는다.

국 주위에는 뭐가 있지? 역시 공기가 있어. 하지만 이 경우는 ①번과 달라. 주변 공기가 아무리 덥다 한들 뜨거운 국보다는 온도가 낮아. 국은 자신이 갖고 있는 열의 일부를 공기에게 줄 거야. 따라서 국의 온도는 낮아지는 반면에 주변 공기의 온도는 올라가게 되지.

③번, 갓 내린 커피의 온도가 점점 올라간다.

주변 온도보다는 갓 내린 커피가 더 뜨거울 거야. 그러면 커피의 열이 주변으로 빠져나가니까 커피가 점점 식어야 해. 그런데 커피의 온도가 점점 올라간다고? 말도 안 되는 소리!

이처럼 접촉하고 있는 두 물체(또는 물질)의 온도가 다를 경우에 열에너지는 온도가 높은 곳에서 낮은 곳으로, 두 물체의 온도가 같아질 때까지 이동해. 열이 이동해서 두 물체의 온도를 맞추는 거야. 물이 높은 곳에서 낮은 곳으로 흐르듯 열은 뜨거운 곳에서 차가운 곳으로 이동하지. 열의 이동으로 두 물체의 온도가 같아지고, 마침내 열이 더 이상 이동하지 않는 상태를 '열평형 상태'라고 해.

온도가 다른 두 물체를 접촉시켰을 때 두 물체가 열평형을 이루어 가는 것을 그래프로 나타내면 다음과 같아.

〈온도가 다른 물체 A와 B를 접촉시켰을 때의 온도 변화〉

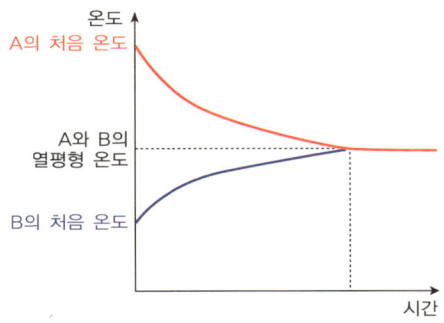

열평형은 우리 주변에서 끊임없이 일어나고 있어. 예를 들면 다음

과 같은 것이 있지.

먼저, 온도계. 온도계로 물체의 온도를 측정할 수 있는 이유는 온도계 속에 들어 있는 수은이 주변의 온도와 열평형을 이루면서, 즉 주변 온도와 같아지면서 부피가 팽창하거나 수축하기 때문이야. 열평형을 이루었을 때의 수은의 부피를 통해 온도를 측정하는 거지.

다음으로 청진기. 의사가 청진기를 우리 몸에 대는 순간 "앗! 차가워!" 하고 놀라지만 차가운 느낌은 이내 사라져 버리지. 그 이유는 내 몸의 열이 청진기로 이동해서 청진기의 온도가 내 몸의 온도와 비슷해졌기 때문이야.

여기서 마무리로 퀴즈 하나! 많은 엄마들이 뜨거운 코코아를 담을 컵은 미리 데워 놓고, 차가운 오렌지주스를 담을 컵은 미리 냉장고에 넣어 두곤 해. 왜 그럴까? 열평형과 음료수를 맛있게 먹는 법을 고려해서 잘 생각해 보도록~.

 엄마표 간단 정리

- **열의 이동 법칙**: 서로 접촉하고 있는 두 물체의 온도가 다를 경우에 열에너지는 온도가 높은 곳에서 낮은 곳으로, 두 물체의 온도가 같아질 때까지 이동한다.
- **열평형**: 서로 접촉하고 있는 두 물체의 온도가 같아져서 열의 이동이 없는 상태를 열평형 상태라고 한다.

3 열은 3가지 방법으로 이동해요

 열이 이동하는 방법은 딱 세 가지야. 전도, 대류, 복사.
 먼저 전도(傳導, conduction)란 열에너지를 갖고 있는 분자의 운동이 옆에 있는 분자를 자극시켜서 이웃 분자도 운동하게 만드는 거야. 그리고 대류(對流, convection)란 열에너지를 갖고 있는 분자 자신이 직접 다른 곳으로 이동해서 열을 운반하는 거지. 끝으로 복사(輻

射, radiation)란 분자 따윈 필요 없다며 열에너지가 분자의 도움 없이 고온의 물체에서 저온의 물체로 스스로 이동하는 거야.

● 전도

열에너지는 곧 분자의 운동에너지야. 따라서 온도가 높은 물체와 온도가 낮은 물체의 차이는 아래 그림과 같이 나타낼 수 있어.

온도가 낮은 경우
분자 운동이 미약하다. → 운동에너지가 작다.
→ 열에너지가 작다. → 물체가 차갑다.

온도가 높은 경우
분가 운동이 활발하다. → 운동에너지가 크다.
→ 열에너지가 크다. → 물체가 뜨겁다.

자, 실험을 하나 해 보자고. 쇠막대의 한쪽 끝을 가열해 보는 거야.

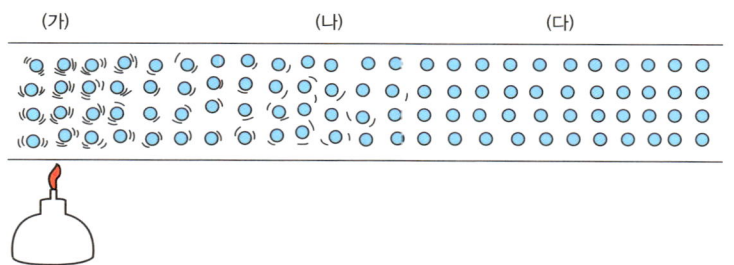

그러면 불꽃으로부터 제일 먼저 열에너지를 받은 (가) 주변의 분자들이 뜨거워지면서 빠르게 움직이기 시작할 거야. 쇠막대는 고체이기 때문에 분자가 이동하지는 못하고 제자리에서 진동 운동만 하

겠지. (가)에 있는 분자들의 운동 속도와 진동 폭이 점점 커지다 보면 (나)에 있는 분자들을 자극할 테고, 곧이어 (나)의 분자들도 활발하게 운동하기 시작할 거야. (나)에 있는 분자들의 운동은 (다)에 있는 분자들에게 영향을 끼칠 테고, 결국 쇠막대 전체에 걸쳐 분자들이 활발하게 운동하게 되는 거지. 여기서 잠깐, 분자의 운동에너지는 곧 열에너지라는 거, 잘 기억하고 있지?

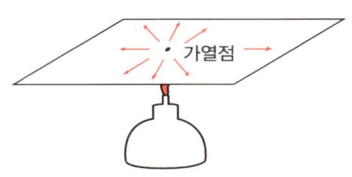

이게 바로 열의 '전도'야. 전도는 주로 고체 상태의 분자들 사이에서 열에너지가 이동하는 방법이야. 그리고 전도가 일어날 때는 열에너지가 에너지의 근원에서 시작해서 점점 먼 곳의 순서로 전달돼.

참, 서로 다른 물체끼리도 열의 전도가 일어난단다. 단, 조건이 하나 따라붙지. 두 물체가 어느 한 부분이라도 접촉되어 있어야 해.

아래 그림을 보면 물체 (가)의 분자들이 활발하게 운동하고 있어. 물체 (가)와 맞닿아 있는 물체 (나)의 분자들이 (가) 분자들의 움직임에 영향을 받아 이전보다 큰 폭으로 진동 운동을 하기 시작할 거야. 그렇게 해서 (가)의 열에너지가 (나)로 전달되는 거야.

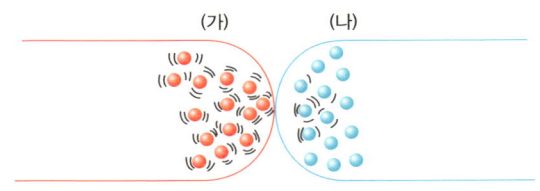

(가) 분자들의 세찬 진동 운동이 맞닿아 있는 부분을 통해 (나) 분자들에게 전해진다.

한쪽은 고체이고 다른 한쪽은 액체인 경우도 마찬가지야. 국자로 뜨거운 국을 몇 번 뜨다 보면 이내 국자도 뜨거워져. 국물(액체)의 열에너지가 국자(고체)로 전도됐기 때문이야.

하지만 국자의 손잡이는 마음 놓고 잡을 수 있는데 그 이유는 손잡이가 열이 잘 전도되지 않는 플라스틱으로 만들어져 있기 때문이야. 이처럼 물질에 따라 열이 전도되는 속도는 달라. 금속처럼 열이 빨리 전도되는 물질도 있고 플라스틱이나 나무, 고무처럼 열이 잘 전도되지 않는 물질도 있어. 화학에서는 전자를 도체, 후자를 부도체라고 하지.

열의 전달 속도는 물질의 고유한 특성이야. 이를 '열전도도'라고 하지.

- 열전도도: 전도에 의해 열을 전달할 수 있는 능력을 나타내는 정도. 단위 시간에 단위 면적당 흐르는 열에너지의 양으로 측정한다.
- 도체: 전기나 열이 잘 전도되는 물질. 예) 구리, 은, 알루미늄 등의 금속
- 부도체: 전기나 열이 잘 전도되지 않는 물질. 예) 나무, 종이, 솜, 고무 등

이제 우리 주변에서 흔히 볼 수 있는 열의 전도 현상을 찾아볼까?

첫째, 나무 의자와 돌 의자. 추운 겨울, 공원에 나무 의자와 돌 의자가 있어. 어디에 앉을까? 물론 나무 의자야. 왜냐고? 나무 의자가

더 따뜻하기 때문이라고 생각한다면…, 땡! 틀렸어. 둘 다 같은 장소에 있었기 때문에 온도는 똑같아.

그 이유는 나무보다 돌의 열전도율이 훨씬 높기 때문이야. 체온이 의자의 온도보다 높기 때문에 의자에 앉으면 내 몸의 열이 의자로 빠져나가게 돼. 이때 열전도율이 높은 돌 의자가 나무 의자보다 빨리 열을 빼앗기 때문에 돌 의자가 더 차갑게 느껴지는 거지.

둘째, 진공보온병. 진공보온병은 용기가 이중벽으로 되어 있고 벽과 벽 사이는 진공 상태야. 진공에선 열이 잘 전달되지 않아. 왜냐면 열을 전달할 분자가 없기 때문이지. 따라서 겨울철에는 보온병 안의 열이 외부로 빠져나가지 않아서 따뜻한 음료수를 오랫동안 마실 수

열전도율을 활용한 주방 제품

꼼이 열전도율을 활용한 예가 부엌에도 많이 있어. 찾을 수 있겠니?
어린콩 음, 프라이팬. 열전도율이 높은 금속으로 만들어졌어.
꼼이 딩동댕! 맞아. 프라이팬은 열전도율이 높아서 금방 뜨거워져. 바쁜 아침에 계란 프라이를 후다닥~ 해 먹을 수 있는 것도 프라이팬 덕분이야. 이번에는 열전도율이 낮은 걸 한번 찾아볼래?
어린콩 뚝배기. 열전도율이 낮은 도자기로 만들었어. 일단 한번 끓은 음식이 잘 식지 않게 말이야. 또 뚝배기를 옮길 때 사용하는 오븐용 장갑도 열전도율이 낮아.

있고, 여름에는 바깥의 뜨거운 열기가 차단되기 때문에 보온병 안의 얼음물을 시원하게 즐길 수 있어.

● **대류**

이제 열이 이동하는 또 다른 방법인 '대류'에 대해 알아보자. 열의 대류는 '열 받은' 분자들이 직접 열에너지를 끌어안고 달려가는 거야.

비커에 물을 반쯤 채우고 끓여 보자고~. 불을 켜면 비커의 바닥 부분이 가열되면서 그 부분의 분자들이 진동하겠지. 그 분자들의 진동이 비커 전체의 분자들로 전해질 것이고, 마침내 비커 전체가 뜨거워질 거야. 그리고 뜨거워진 비커의 열에너지는 비커와 직접 맞닿아 있는 물 분자에 전달되지. 여기까지가 열의 전도 현상이야.

그런데 뜨거워진 물 분자가 다른 물 분자들에게 열을 어떻게 전달할까? 물 분자의 진동이 옆에 있는 물 분자에게 전달되어 옆의 물 분자도 진동하게 될까? 물론 그러기도 해. 하지만 주된 방법은 아니야. 그 이유는 물이 액체이기 때문이야. 고체의 분자는 자기 자리를 떠날 수 없지만 액체인 물 분자는 이동이 가능하거든.

액체 상태의 물 분자가 열을 받으면 분자들의 움직임이 활발해지면서 분자와 분자 사이의 거리가 멀어져. 분자 간 거리가 벌어진다는 건 밀도가 작아지는 걸 뜻해. 가벼워지는 거라고. 따라서 밀도가 가벼워진 부분은 위로 쑤욱 올라가고 주변에 있던 차가운 부분이 그 자리를 메우게 돼. 이러한 과정을 통해 물 전체가 데워지는 거야.

기체의 경우도 마찬가지야. 방 한구석에 난로를 놓아두면 방 전체가 따뜻해지는 이유는 바로 난로에서 열을 받은 공기가 쑤욱 위로 올라가고 주변의 차가운 공기가 그 자리를 메우는 식으로 해서 열에너지가 고루 퍼지기 때문이야.

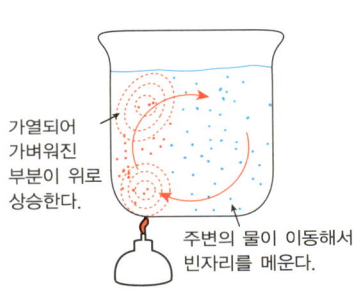

가열되어 가벼워진 부분이 위로 상승한다.

주변의 물이 이동해서 빈자리를 메운다.

이처럼 분자 이동이 가능한 액체나 기체의 경우에는 열에너지를 받아 움직임이 활발해진 분자들이 직접 이동해서 열에너지를 전달하는데, 이게 바로 대류야.

● 복사

열의 대류는 열 받은 분자가 직접 달려가서 열에너지를 전달하고, 열의 전도는 분자가 이동하지 못하기 때문에 옆에 있는 분자를 자극시켜서 열에너지를 전달해. 대류와 전도는 각기 다른 열에너지 전달 방법이지만, 한 가지 공통점이 있어. 그건 바로 열에너지를 전달하기 위해 분자가 필요하다는 거야.

그렇다면 분자가 없을 경우 열은 전달될 수 없는 것일까? 그렇지 않단다. 아무것도 없는 진공에서도 열에너지는 전달돼. 열에너지가 스스로 직접 이동하거든. 이게 바로 복사야. 그리고 이때의 열에너지를 복사열이라고 해. 복사란 뜨거운 물체가 빛을 낼 때 그 빛을 통해 열에너지도 함께 전달되는 거야. 예를 들어 태양의 빛과 열에너

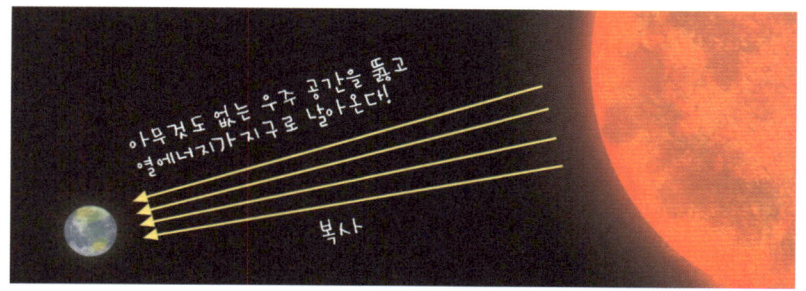

아무것도 없는 우주 공간을 뚫고 열에너지가 지구로 날아온다!

복사

지는 진공 상태인 우주 공간을 거쳐 지구까지 직접 도달해.

자, 그러면 일상에서 열의 복사 현상을 느낄 수 있는 사례들을 살펴볼까?

야영지에서 캠프파이어를 할 때 말이야, 모닥불을 쳐다보고 있으면 얼굴이 따끈해져. 이때 책이나 부채로 얼굴과 모닥불 사이를 가로막으면 열기가 좀 가실 거야. 모닥불에서 나오는 복사열이 얼굴을 향해 달려오다가 책에 막혔기 때문이지.

또 많은 사람들이 여름에는 나무 그늘 아래서, 겨울에는 햇볕이 내리쬐는 창가에서 책을 읽곤 하지. 무더운 여름 한낮에는 태양의 복사열이 도달하지 못하는 그늘이 상대적으로 시원하기 때문이야. 반대로 추운 겨울에는 햇볕, 정확하게 말하면 태양의 복사열을 쬘 수 있는 창가가 다른 곳보다 따뜻하고 밝아서 책을 읽기에는 딱이지.

그런데 우리 주변을 돌아보면 전도, 대류, 복사가 각각 따로 작용하는 게 아니라 복합적으로 작용하면서 열에너지가 전달돼. 전도, 대류, 복사가 동시에 이루어지는 거지. 다만, 물질의 상태 및 주변

사람들은 대개 겨울에는 따뜻한 양지에서 운동하고 여름에는 시원한 그늘에서 운동하거나 놀이기구를 탄다.

여건에 따라 주된 방법이 결정될 뿐이야. 기체, 액체 상태에서는 분자가 직접 움직일 수 있기 때문에 대부분의 열에너지가 대류로 이동하고, 고체 상태인 경우는 분자가 이동하지 못하기 때문에 전도에 의해 열이 전달되는 식이지.

 엄마표간단 정리

- 전도: 뜨거워진 분자들의 활발한 움직임이 주변 분자에게 전달되면서 열에너지가 전달되는 방법.
- 대류: 열에너지를 품고 있는 분자들이 직접 이동해서 열을 전달하는 방법.
- 복사: 분자의 도움 없이 열에너지 스스로 이동하는 방법.

 **read** 세상에서 가장 낮은 온도와 가장 높은 온도는?

열에너지는 물질을 구성하는 분자 또는 원자의 운동에너지야. 그렇다면 분자의 운동에너지가 0일 때, 즉 분자가 운동을 완전히 멈췄을 때 온도가 가장 낮을 거야.

우리는 앞에서 샤를의 법칙을 배우면서 온도에 따라 기체의 부피가 변하는 이유는 분자의 운동량이 변하기 때문이라고 배웠어. 그리고 분자가 움직이지 않을 때, 즉 완전히 멈췄을 때의 온도도 배웠지. 절대온도 0K. 섭씨 온도로 나타내면 −273℃야.

• 가장 낮은 온도 = 분자가 움직이지 않는 온도 = 0K = −273℃

하지만 실제로 모든 기체는 −273℃가 되기 전에 액체 또는 고체 상태가 되기 때문에 위의 이론을 완벽하게 입증하긴 어려워. 지금까지의 과학기술로 만든 최저 온도는 0.00000005K 정도래.

가장 낮은 온도가 분자가 멈춰 있을 때의 온도라면, 가장 높은 온도는 분

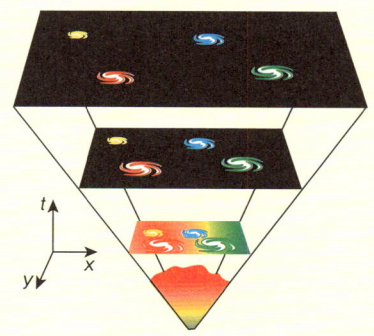

태초의 우주는 엄청나게 뜨겁고 밀도가 큰 상태여서 빅뱅, 즉 대폭발이 일어났고, 그로 인해 계속 우주가 팽창해서 현재와 같은 우주가 되었다는 것이 빅뱅 이론이다.

자가 가장 빨리 움직일 때의 온도일 거야. "속도의 한계는 빛의 속도니까 분자가 빛의 속도로 움직일 때의 온도가 가장 높은 온도가 되지 않을까?" 하고 생각할 수 있어. 하지만 여기에는 두 가지 변수가 있어. 질량을 가진 입자는 빛보다 빨리 움직일 수 없다는 것과 고온으로 갈수록 물질은 계속 분해된다는 사실이야.

실제로 물질에 계속해서 열을 가하면 분자는 원자로 분해되고, 원자는 원자핵과 전자가 뒤섞인 플라즈마 상태로 변하고, 열을 더 가하면 핵이 분열되어 양성자와 중성자로 나뉘고…. 그러다 보면 마침내 우주가 탄생하는 순간의 온도인 '빅뱅(Big Bang)의 온도'에 다다르게 돼. 현대 과학 이론에 따르면, 우리가 존재하고 있는 우주는 빅뱅 이후 계속해서 식어 가고 있거든. 따라서 과학자들은 빅뱅의 온도를 "우주에서 가장 높은 온도"라고 한단다.

- 우주에서 가장 높은 온도 = 우주가 탄생하는 순간의 온도 = 빅뱅의 온도

빅뱅의 온도는 10^{32}K를 넘는다고 해. 얼핏 감이 잘 안 오지? 숫자로 늘어놓으면,

100,000,000,000,000,000,000,000,000,000,000K야.

엄청나지? 셀 수 있으면 한번 세어 봐~.

4 열에너지의 양은 어떻게 측정할까?

열에너지가 무엇이고 어떻게 이동하는지는 잘 알았지? 이제 열에너지 양을 측정하는 방법을 알아보자고~.

열에너지 양은 화학 용어로 열량(熱量, quantity of heat)이라고 해. 열이 얼마나 많은지, 그 정도를 나타낼 때 사용하는 말이야.

열량의 단위는 보통 cal, $kcal$를 사용해. $1cal$는 물 $1g$을 $1℃$ 높이는 데 필요한 열의 양이야. $1kcal = 1000cal$니까 $1kcal$는 물 $1000g$, 즉 물 $1kg$을 $1℃$ 높이는 데 필요한 열의 양이지.

자, 그러면 어떤 물질이 있는데, 이 물질이 열에너지를 흡수해서 온도가 올랐다고 치자. 이 물질이 받은 열의 양, 즉 열량이 얼마나 되는지 계산해 볼까? 그러려면 먼저 이 물질의 비열을 알아야 해.

비열(比熱, specific heat)은 어떤 물질 $1g$의 온도를 $1℃$ 높이는 데 필요한 열의 양이야. 물 $1g$의 온도를 $1℃$ 올리는 데 $1cal$가 필요하다고 했지? 이때 물의 비열이 1이야.

그런데 비열은 물질에 따라 다 달라. 기름 $1g$의 온도를 $1℃$ 높이는 데 필요한 열량과 물 $1g$을 $1℃$ 높이는 데 필요한 열량이 다르고, 철 $1g$을 $1℃$ 높이는 데 필요한 열량도 달라. 즉 비열은 물질의 고유한 성질이야. 따라서 비열만 알면 그 물질이 무엇인지 알 수 있어.

그러면 몇 가지 주요 물질의 비열을 표로 정리해 볼게.

물질	온도 (℃)	비열 (cal/g·℃)
물	20	1
바닷물	20	0.940
에탄올	0	0.547
석유	20	0.470
알루미늄	20	0.211
철	20	0.107
구리	20	0.092

이 표를 보면서 다음과 같이 생각을 정리해 보자고~.

- 20℃의 물의 비열은 $1cal/g·℃$ → 20℃ 물 1g의 온도를 1℃ 올리는 데 필요한 열량은 $1cal$
- 0℃의 에탄올의 비열은 $0.547cal/g·℃$ → 0℃ 에탄올 1g의 온도를 1℃ 올리는 데 필요한 열량은 $0.547cal$

비열이 크다는 것은 온도를 높이는 데 에너지가 많이 필요하다는 뜻이야. 반대로 온도를 낮추려면 많은 에너지를 방출해야 한다는 뜻이기도 하지. 즉 비열이 큰 물질은 온도가 쉽게 올라가거나 쉽게 내려가지 않아.

물과 에탄올을 비교해 보렴. 같은 양의 물과 에탄올을 동일한 조건으로 가열하면 알코올이 물보다 훨씬 빨리 뜨거워져. 식을 때도 빨리 식고. 그 이유는 에탄올의 비열이 물보다 작기 때문이야.

비열을 이용하면 물질의 온도를 높이거나 내릴 때 오가는 열의 양도 측정할 수 있어. 자, 다음을 보자고~.

- (가): 10℃ 물 50g을 30℃로 올리는 데 필요한 열량
- (나): 10℃ 물 100g을 30℃로 올리는 데 필요한 열량

이 경우, (나)가 (가)보다 두 배 많겠지? 다른 조건은 모두 같은데 물의 양만 두 배니까.

다음의 경우는 어떨까?

- (다): 20℃ 물 100g을 40℃로 올리는 데 필요한 열량
- (라): 20℃ 물 100g을 80℃로 올리는 데 필요한 열량

이때는 (라)가 (다)보다 세 배 많아. 왜냐하면 똑같은 양의 물을 (다)에서는 20℃에서 40℃로 20℃를 더 올려야 하고 (라)에서는 20℃에서 80℃로 60℃를 더 올려야 하잖아. 60℃가 20℃의 세 배니까 필요한 열량도 세 배가 되는 거지.

즉 물질의 양이 얼마나 되는지, 물질의 온도가 얼마나 상승했는지를 측정한 후에 그 물질의 비열을 곱해 주면 필요한 열량이 나오는 거야.

- 열량 = 비열 × 질량 × 온도 변화

사실 공식이랄 것도 없어. 원리만 알면 저절로 나오는 식이니까. 어렵다고? 그럼 문제를 하나 풀어 보자.

[문제] 20℃의 바닷물 100g을 7℃ 올리는 데 필요한 열의 양은?
(단, 20℃ 바닷물의 비열은 0.940cal/g℃)

이 문제를 풀려면 우선 바닷물의 비열을 확인해야 해. 바닷물 1g을 1℃ 올리는 데 필요한 열량은 0.940cal야. 자, 그러면 바닷물 100g을 7℃ 올리기 위한 식을 하나 세워 보자.

일단 바닷물이 1g이 아니라 100g이니까 0.940에 100을 곱하고, 1℃가 아니라 7℃ 올리는 거니까 7을 곱하면 돼.

$$0.940(cal/g \cdot ℃) \times 100g \times 7(℃) = 658cal$$

이 과정을 다시 식으로 멋지게 표현하면,

$$\begin{aligned}열량(cal) &= 비열(cal/g \cdot ℃) \times 질량(g) \times 온도\ 변화(℃) \\ &= 0.940(cal/g \cdot ℃) \times 100g \times 7℃ \\ &= 658cal\end{aligned}$$

단위가 복잡하다고 겁먹을 필요는 없어. 단위도 하나의 숫자라고 생각하고 숫자처럼 계산하면 돼. ℃를 두 번 곱하면 $(℃)^2$, 분자와 분모에 각각 ℃가 있으면 약분해서 없애고… 하는 식으로 말이지.

문제를 하나 더 풀어 볼까?

[문제] 다음은 각 물질의 비열을 나타낸 것이다. 물음에 답하시오.

> 물 ≒ 1.0   유리 ≒ 0.2   철 ≒ 0.1   콩기름 ≒ 0.5

(1) 같은 양의 물질을 동일한 조건으로 가열했을 때, 온도가 가장 많이 올라가는 것은?

(2) 30℃ 유리 1kg을 가열해서 50℃로 만들었다. 유리에 가한 양과 동일한 크기의 열량을 10℃ 물 500g에 가했을 때, 물의 온도는 얼마가 되겠는가?

(1)번 문제의 답은 '철'이야. 비열이 작은 물질일수록 동일한 열을 가했을 때 온도가 많이 상승한다는 것, 잊지 말렴.

(2)번 문제는 이렇게 풀면 돼.

유리에 가한 열량 = 유리의 비열 × 유리의 질량 × 온도 변화량
$$= 0.2(cal/g \cdot ℃) \times 1000g \times 20℃$$
$$= 4000cal$$

4000cal를 물 500g에 가하면,
$$4000cal = 1(cal/g \cdot ℃) \times 500g \times x℃$$

이 식을 풀면 x(온도 변화량) = 8이야. 따라서 물의 온도는 처음의 온도 10℃에서 8℃ 상승하므로 10 + 8 = 18℃가 되지.

여기서 잠깐! 열량과 열용량을 혼동하면 안 돼. 열량은 '열의 양'이

고 열용량은 '물질의 온도를 1℃ 올리는 데 필요한 열량'이야. 열량의 단위는 cal 또는 $kcal$이고, 열용량의 단위는 $cal/℃$ 또는 $kcal/℃$야. 그리고 열용량은 '공급한 열량'을 '변화한 온도'로 나누어 알아낼 수 있어.

$$\text{열용량} = \frac{\text{공급한 열량}}{\text{온도 변화량}}$$

그러면 비열은? 한 번 더 확인하고 넘어가자고~. 비열은 '물질 1g의 온도를 1℃ 올리는 데 필요한 열량'이야.

비열은 물질 1g이 기준이지만, 열용량은 물질의 양에 대한 기준이 없다는 점에서 다르지. 가령 물이 $1kg$ 들어 있는 비커 (가)와 $0.5kg$ 들어 있는 비커 (나)가 있다고 치자. (가)의 물과 (나)의 물 모두 비열은 1($cal/g·℃$)이야. 하지만 열용량을 보면 (가)의 경우는 1℃ 올리려면 $1000cal$가 필요하니까 1000cal/℃이고 B는 1℃ 올리는 데 $500cal$가 필요하니까 (나)의 열용량은 $500cal/℃$가 돼.

$$\text{열용량}(cal/℃) = \frac{\text{공급한 열량}(cal)}{\text{온도 변화량}(℃)} = \text{비열}(cal/g·℃) \times \text{질량}(g)$$

같은 물이라 해도 한 컵 분량의 물을 끓일 때와 주전자 가득 들어 있는 물을 끓일 때 걸리는 시간은 다르겠지? 주전자 가득 들어 있는

물의 열용량이 크기 때문이야. 사람들이 커피를 마실 때 물을 조금만 끓이는 이유는 물을 아끼려는 것도 있지만 가능한 적게 끓여야 빨리 끓기 때문이야. 하지만 엄마는 커피를 마실 때 항상 2인분씩 만들어. 그래서 큰 컵에 가득 채워 놓고 정작 마실 때는 1인분만 마시지. 그래야 커피가 다 마실 때까지 따뜻하거든.

열용량의 차이에 의한 현상은 자연에서도 발견할 수 있어. 대표적인 게 해륙풍이야. 흙의 비열은 물의 비열보다 작아. 게다가 지구 전체로 봤을 때 육지 면적은 바다 면적의 $\frac{3}{7}$밖에 안 돼. 따라서 육지의 열용량이 바다의 열용량보다 작게 마련이지!

낮: 바다 온도 < 육지 온도

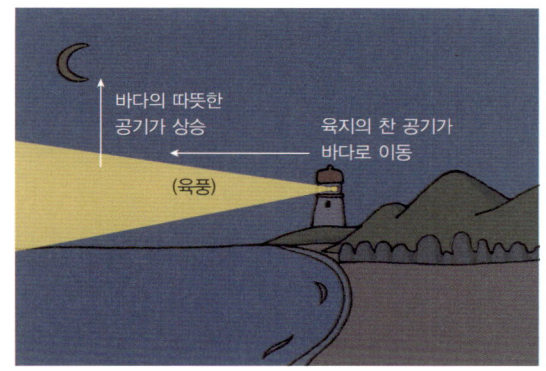

밤: 바다 온도 > 육지 온도

　육지가 바다보다 열용량이 작기 때문에 낮에는 바다보다 빨리 뜨거워지고, 밤에는 바다보다 빨리 차가워져. 그래서 낮에는 육풍, 밤에는 해풍이 불게 되지.

 엄마표간단정리

- 비열: 어떤 물질 1g의 온도를 1℃ 높이는 데 필요한 열의 양.
  - 물질 고유의 특성이다.
- 열용량: 어떤 물질을 1℃ 높이는 데 필요한 열의 양.
  - 물질의 종류는 물론이고 물질의 양에 따라서도 달라진다.
  - 열용량이 크면 온도를 올리거나 내리기 어렵다.

5 한 번 더! 열팽창이란?

　열팽창에 대해서는 이미 이 책 2장에서 배웠어. 그런데 왜 또 이야기하느냐고? 사실 2장의 내용은 중학교 1학년 과정이고 여기서는 중학교 2학년 과정에서 배우는 좀 더 심화된 내용을 이야기할 거야. 심화된 내용이라니까, 어려운 거 아닌가 하고 겁먹을 수 있는데, 천만의 말씀! 원리만 차근차근 밟아 나가면 화학은 1학년이고 2학년이고 다 똑같아.

　열팽창에 대해 본격적으로 이야기하기 전에 고체, 액체, 기체 상태에서의 분자 배열 및 운동에 대해 되짚어 보자고~. 고체 상태는 분자 간 거리가 가깝고 배열이 규칙적이야. 이런 고체가 열을 받아 액체 상태가 되면 분자 간 결합이 깨지면서 분자가 덜그럭거리며 움직이기 시작하고, 액체가 열을 받아 기체 상태가 되면 분자들이 훨훨 날아다니면서 부피도 크게 증가해.

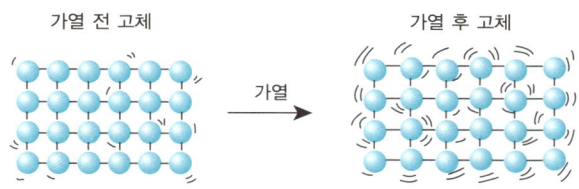

온도가 높아지면 고체 분자들의 진동 운동이 활발해지면서 분자 간 간격이 벌어지고 부피가 증가한다.

그러면 이제 물질의 각 상태별로 좀 더 깊게 파고들어가 보자고~.

● **고체의 열팽창**

고체의 열팽창에 대해 좀 더 알아보기 위해 실험을 하나 해 보자. 차가운 고체에 열을 가해서 뜨겁게 만들어 보는 거야. 어때? 질량은 변하지 않겠지만, 부피는 어떨까?

고체도 열을 받으면 분자의 운동이 활발해지면서 분자 간 간격이 멀어져. 즉 온도가 높아지면 고체의 부피는 증가하고 온도가 낮아지면 고체의 부피는 작아지지.

그런데 열에너지를 받아서 부피가 늘어나는 정도는 고체마다 다 달라. 온도가 1℃ 상승할 때 늘어난 길이를 0℃일 때의 길이로 나눈 값을 선팽창계수(線膨脹係數, coefficient of linear expansion)라고 해.

선팽창계수를 이용해 주위 온도가 10℃ 상승했을 때 $100m$ 길이의 고체가 얼마만큼 길어지는지 몇 가지 예를 정리해 보면 아래 표와 같아.

물질	늘어난 길이	물질	늘어난 길이	물질	늘어난 길이
알루미늄	23mm	금	14mm	유리	9mm
은	19mm	철	12mm	벽돌	5mm
구리	17mm	콘크리트	11mm	도기	4mm

열팽창 정도가 크다는 건 온도에 따라 재료의 부피나 크기가 많이 달라진다는 걸 의미해. 따라서 정밀 기계나 전자 제품 등을 만들 때

는 재료의 열팽창 정도에 유의해야 해.

때로는 열팽창이 큰 점을 이용할 때도 있어. 대표적인 게 바로 바이메탈(bimetal)이야. 바이메탈은 열팽창 정도가 다른 두 금속을 붙여서 만든 거야. 대표적으로 구리와 철을 붙여 만든 바이메탈이 있어. 구리는 열팽창 정도가 커서 가열하면 많이 늘어나는 반면에 철은 열팽창 정도가 작아서 가열해도 조금 늘어나는 성질을 가지고 있지. 구리와 철로 만든 바이메탈에 열을 가하면 어떻게 될까?

열을 받아 온도가 상승하면 바이메탈은 열팽창률이 작은 금속 쪽으로 휘어지게 돼.

바이메탈을 이용한 전기 제품으로 전기다리미, 전기주전자, 화재경보기, 전기밥솥 등이 있어. 바이메탈의 원리를 이용해 일정 온도가 되면 자동으로 꺼지거나 켜지고 온도 조절도 가능하지.

이 중에서도 비교적 간단한 구조의 화재경보기를 살펴볼까? 화재

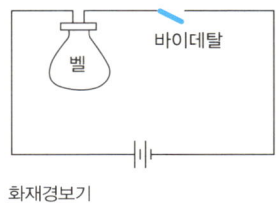
화재경보기

경보기는 불이 나서 주위 온도가 올라가면 바이메탈이 휘어지면서 전선이 연결되고, 그 전선 위로 전류가 흐르면서 벨을 울리는 구조야.

● **액체의 열팽창**

열팽창은 물론 고체 상태에서만 일어나는 게 아니야. 액체 상태에서도 열을 가하면 부피가 처음보다 증가해. 심지어 팽창하는 정도가 고체 상태의 물질보다 더 커. 고체 상태보다 액체 상태가 분자 간 결합이 약하기 때문에 열을 받으면 분자 간 거리가 더 쉽게 벌어지기 때문이야.

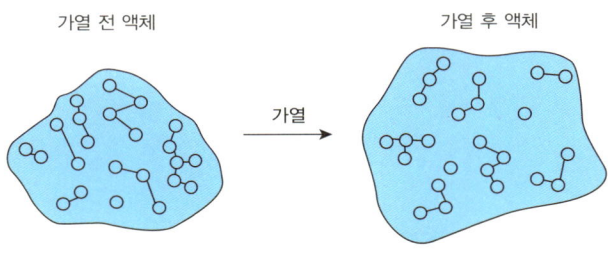

액체의 경우도 열팽창 정도는 액체에 따라 다 달라. 액체 1l의 온도가 10℃ 상승했을 때 부피가 늘어난 예 몇 가지를 정리해 보면 아래 표와 같아.

물질	늘어난 부피	물질	늘어난 부피	물질	늘어난 부피
아세톤	15ml	석유	10ml	수은	2ml
알코올	11ml	올리브유	7ml	물	2ml

일반적으로 물질은 고체이건 액체이건 간에 온도가 올라갈수록 부피가 증가해. 그런데 이러한 규칙에서 벗어나는 게 하나 있어. 그건 바로 물이야. 왜 얘만 반항하냐고? 글쎄, 하지만 그 덕분에 우리가

이렇게 살 수 있단다.

　모든 물질에 적용되는 열팽창 규칙을 벗어난 단 하나의 물질이 우리 옆에 항상 있는, 그리고 우리가 살아가는 데 꼭 필요한 물이라는 것이 놀랍지 않아? 자, 그러면 온도에 따른 물의 부피 변화 그래프를 보면서 물의 유별난 점에 대해 알아보자고~.

　첫째, 다른 물질은 고체 상태일 때의 밀도가 가장 큰데, 물은 액체 상태일 때의 밀도가 더 커. 즉 같은 부피인 경우 액체인 물이 고체인 얼음보다 무거워. 그래서 얼음이 물 위에 뜨게 되는 거야.

　둘째, 다른 액체는 전 구간에 걸쳐 온도가 높을수록 분자 간 거리가 멀어지고 밀도가 작아지는데, 물에는 예외 구간이 있어. 즉 온도가 높아지면 부피가 작아지면서 밀도가 커지는 구간이 있는 거야. 그게 바로 0~4℃야. 이 구간에선 온도가 높을수록 부피가 줄어들기 때문에 단위 부피당 물의 무게가 무거워져. 그러다가 4℃를 넘어서면 그때부터는 다시 다른 액체들처럼 온도가 높아질수록 부피가 점

〈온도에 따른 물의 부피 변화〉

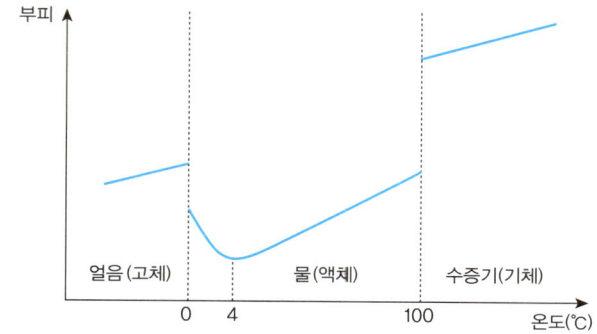

점 증가하고 밀도가 줄어들지. 따라서 물의 밀도가 가장 큰 곳, 그러니까 동일한 부피의 물이 가장 무거워지는 온도는 4℃야.

겨울철 호숫가를 한번 생각해 보자. 기온이 점점 내려가서 4℃가 되면, 공기와 접해 있던 물도 4℃가 될 거야. 이때 물의 밀도가 제일 크다고 했지? 따라서 무거운 물은 밑으로 내려가고 밑에 있던 물이 위로 올라올 거야. 이렇게 계속 섞이다 보면 물 전체가 4℃가 돼.

계속해서 기온이 내려가면 어떻게 될까? 수면에 있는 물의 온도가 3℃, 2℃, 1℃, …로 내려가지만 이 구간에서는 물의 온도가 내려갈수록 밀도가 작아져. 즉 수면에 있는 물이 호수 밑에 있는 4℃의 물보다 밀도가 작기 때문에 차가운 물이 계속 위쪽에 머물게 되는 거지. 그러다가 온도가 더 낮아져서 0℃ 이하가 되면 그때부터는 수면의 물이 얼기 시작할 거야. 고체 상태가 된 얼음은 액체 상태인 물보다 가볍기 때문에 위에 계속 떠 있을 테고.

만약 다른 물질들처럼 물도 액체 상태일 때보다 고체 상태일 때 더 무겁다면, 즉 얼음이 물보다 무겁다면 어떻게 될까? 얼음이 생기면

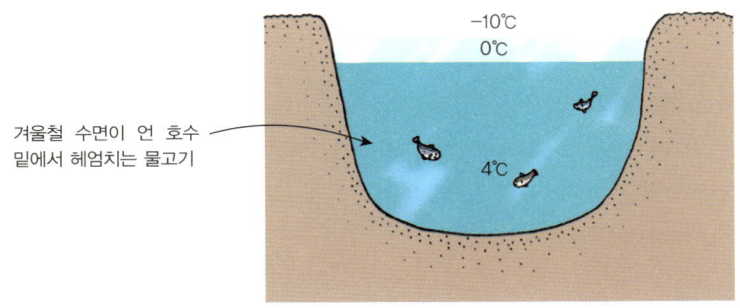

겨울철 수면이 언 호수 밑에서 헤엄치는 물고기

곧 밑으로 가라앉겠지. 바닥에 있던 물은 얼음에 의해 밀려나 위쪽으로 올라갈 것이고, 수면 위 찬 공기와 접촉하면서 얼음이 되어 다시 밑으로 가라앉겠지. 그렇게 얼음은 점점 쌓여 가고, 마침내 호숫가의 모든 물이 꽁꽁 얼게 될 거야.

하지만 실제로는 얼음이 물보다 가볍기 때문에 한번 언 얼음은 가라앉지 않고 물 위를 덮게 되지. 게다가 얼음은 열을 잘 전달하지 않기 때문에 차가운 날씨를 차단하는 효과가 있어. 즉 보온 효과가 있어. 그래서 얼음 아래쪽의 물은 바깥 날씨가 아무리 추워도 쉽사리 얼지 않고 4℃ 안팎을 유지할 수 있지. 덕분에 수중 생물들이 무사히 겨울을 날 수 있는 거란다.

그러니까 액체의 열팽창 중에서 물간 삐딱하게 나가는 것에 대해 감사히 여기자고~.

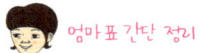
엄마표 간단 정리

- **열팽창**: 물질은 열에너지를 받으면 온도가 올라가면서 부피가 증가한다.
- **기체의 열팽창**: 0℃에서의 기체의 부피를 V_0, t℃에서의 기체의 부피를 V_t라고 하면 다음과 같은 식이 성립한다.
  $V_t = V_0 + (V_0 \times \frac{t}{273})$
- **고체와 액체의 열팽창**: 열에너지에 의한 고체와 액체의 팽창 정도는 물질마다 다르며, 전반적으로 분자 간 결합이 약한 액체의 팽창 정도가 고체보다 크다.
- **물의 열팽창 예외 구간**: 모든 물질 중에 유일하게 물에게만 열팽창 예외 구간 (0~4℃)이 있다.

 **read** 지구가 점점 뜨거워져요

매년 여름이면 사람들이 되풀이하는 말이 있어.

"올여름이 내가 태어나서 가장 더운 여름인 것 같아."

실제로 매해 여름 날씨가 점점 더워지고 있어. 이렇게 지구가 점점 더워지고 있는 현상을 지구온난화라고 해.

지구온난화와 온실효과를 혼돈하지 말자고~. 온실효과란 지구의 대기층이 비닐하우스와 같이 온실 역할을 하는 걸 가리키는 말이야. 사실, 온실효과는 지구에 대기권이 만들어진 이후 항상 존재한 현상으로 지구의 생태계를 유지하는 데 아주 중요해. 온실효과가 없다면 지금의 지구는 평균기온이 영하 18℃가 되면서 모든 생물이 꽁꽁 얼어 버린다고 해.

그런데 말이야, 지구에 비닐을 씌운 것도 아닌데 왜 온실효과가 나타날까? 그 이유는 대기를 구성하는 기체인 이산화탄소, 수증기, 프레온가스, 오존 등이 비닐하우스 역할을 하기 때문이야. 이들은 태양에서 날아온 가시광선을 통과시켜 지구 표면에 도달시키는 한편, 지구에서 방출되는 적외선을 흡수해서 일정 온도를 유지하는 기능을 해.

세계자연보호기금(WWF)에서 제작한 지구온난화 경고 포스터

그러면 이제 다시 지구온난화로 돌아오자고~. 지구온난화는 이산화탄소와 메탄 등 온실가스의 농도 증가가 그 원인이야. 적정량의 기체는 생태계 보존을 위해 꼭 필요하지만, 그보다 훨씬 많아지면 문제가 돼. 이들 기체의 양이 급속하게 증가하게 된 원인으로 산업 활동으로 인한 이산화탄소 발생량의 증가와 무분별한 개발로 인한 산림 파괴를 꼽을 수 있어. 이에 급속도로 증가한 온실가스가 지구에서

방출되는 열에너지를 대량으로 흡수하면서 지구가 점점 따뜻해지는 거야.

사실, 우리가 지구온난화에 대해 관심을 갖게 된 건 최근의 일이야. 1990년대부터 지구촌 곳곳에서 기상 이변이 속출하면서 지구온난화가 주요 원인으로 지적되었어.

유엔 IPPC(정부간기후변화위원회)가 2013년에 내놓은 보고서에 의하면, 인류가 현재와 같은 속도로 온실가스를 계속 배출한다면 21세기 말에는 지구의 평균기온이 지금보다 최고 4.8℃ 오르고 해수면은 82cm 상승한다고 해. 4.8℃가 얼마 되지 않는 것 같다고? 여기서의 4.8℃란 어느 특정한 지역이 아니라 전 세계 평균기온을 뜻해. 그게 얼마나 엄청난 재앙을 뜻하는 건지 보여 주는 자료가 있어. 독일의 기후변화연구기관인 포츠담연구소에서 발표한 '온난화 재앙 시간표'가 있는데, 이것을 보면 지구의 평균 기온이 1℃ 상승하면 특정 생태계가 위협을 받고, 2℃ 상승하면 연어 등 일부 생물군이 멸종하며, 3℃ 이상 상승하면 지구에 있는 대부분의 생명체가 생존 위기에 처하게 된대. 어때, 우리 모두 뭔가 노력해야겠다는 생각이 들지 않아?

상승 온도	예상되는 피해
1℃ 상승 (2030년경)	· 열대 고원, 남아프리카 건조 지대 등이 위협받기 시작한다. · 일부 개발도상국에서 식량 생산이 줄고 물 부족이 심각해진다.
2℃ 상승 (2050년경)	· 북극 빙하가 많이 녹아 북극곰이 생존의 위협을 받는다. · 지중해 지역이 잦은 산불과 극심한 병충해에 시달리게 된다. · 지구의 인구 15억 명 이상이 물 부족에 시달린다.
3℃ 상승 (2070년경)	· 아마존 우림이 복원될 수 없을 정도로 파괴된다. · 유럽, 오스트레일리아의 고산지대 식물이 완전히 사라진다. · 30억 명 이상이 물 부족을 겪게 된다.
3℃ 이상 상승 (2070년 이후)	· 북극 빙하가 사라진다. · 늑대 등 육식동물의 80% 정도가 멸종 위험에 처한다. · 인류의 생존이 위협받는다.

check 문제 풀며 확인하기

1. 다음은 20℃의 물 3ℓ와 60℃의 물 1ℓ를 섞은 후의 온도 변화를 나타낸 그래프이다. 다음 내용이 맞으면 ○표, 틀리면 ×표 하시오.

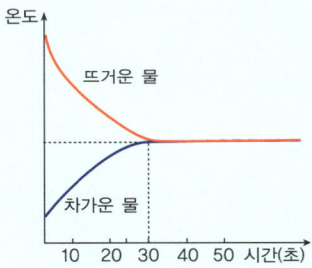

① 두 물을 섞으면 차가운 물의 온도는 올라가고, 뜨거운 물의 온도는 내려간다. (　)

② 열평형 온도는 각각의 온도인 20℃와 60℃의 한가운데인 40℃가 된다. (　)

③ 열평형이 이루어진 후 일정 시간이 지나면 열을 빼앗기고 있던 물은 더 차가워지고, 열을 받고 있던 물은 더 따뜻해져서 두 액체 간에 온도 차이가 발생한다. (　)

④ 외부로 빼앗기는 열이 없다고 가정했을 때, 뜨거운 물이 잃은 열에너지의 양은 차가운 물이 얻은 열에너지의 양과 같다. (　)

2. 다음 중 틀린 설명을 고르시오.

① 모든 물질의 온도는 절대온도 0K 이하로 내려가지 않는다.

② 섭씨온도의 1도와 절대온도의 1도의 간격은 다르다.

③ 섭씨온도의 1도는 물의 어는점과 끓는점 사이를 100등분 한 것이다.

④ 물질의 분자가 활발히 운동할수록 물질의 온도는 높아진다.

3. 다음의 내용을 참고로 해서 맞는 것에 O표, 틀린 것에 ×표 하시오.

> 질량이 다른 물체 A와 B가 있다. 동일한 양의 열을 가했을 때 A의 온도는 20℃, B의 온도는 10℃ 상승했다.

① A의 열용량이 B의 열용량보다 크다. (   )
② 같은 크기의 열을 가했지만 상승 온도가 다르기 때문에 A와 B는 다른 물질이다. (   )
③ A와 B를 30℃까지 가열 후 불을 끄면 A가 B보다 빨리 식는다. (   )
④ A가 100g, B가 200g이라면 A와 B는 같은 물질이다. (   )

4. 다음은 -20℃에서 180℃까지 온도에 따른 물의 부피 변화를 나타낸 그래프이다. 다음 물음에 답하시오.

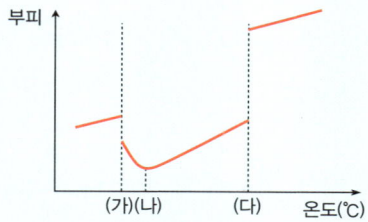

① (가), (나), (다)의 온도는 각각 몇 ℃인가?
② 그래프가 (가)와 (다)에서 끊긴 이유는 무엇인가?
③ 똑같은 크기의 컵에 가장 많은 양의 물을 담으려면 온도가 어느 지점일 때의 물을 담아야 하는가?

5장

Chemistry

원자

　어렸을 적, 집에 있는 물건을 뜯어 보는 게 왜 그렇게 재밌던지. 장난감은 물론이고 약 포장지에서 TV 리모컨까지…. 호기심에 뜯어 보았다가 부모님께 혼이 나면서도 '아~ 이런 거였구나.' 하는 후련함을 느꼈더랬어.

　과학자들도 마찬가지야. 원자 안을 열어 보기 위해 연구를 거듭했어. 눈에 보이지도 않는 작은 입자를 파헤친다는 건 엄청 힘든 일이었어. 하지만 일단 열어 보니 신기한 게 너무 많은 거야. 바깥쪽에 자리 잡은 전자들 안쪽에 원자핵이 떡 버티고 있고, 원자핵 안에는 양성자와 중성자가 뭉쳐 있고…. 그렇게 하나씩 구조가 드러나면서 원자가 갖고 있는 이런저런 성질들이 하나씩 설명되기 시작했어. 전자들이 껍질 형태인지, 구름 형태인지에 따라 원자 전체의 모양과 성질까지 달라지니까 말이지.

　이 장에서는 원자를 구성하고 있는 전자와 핵, 양성자와 중성자의 성질 및 역할을 알아볼 거야. 또 전자와 양성자를 동시에 품고 있는 원자가 중성인 이유는 무엇인지, 여러 개의 전자들이 원자 내에 자리 잡을 때 어떤 순서로 들어가는지도 알려 줄게. 우리가 어렸을 때 별 생각 없이 보고 넘긴 주기율표에 이 모든 정보가 들어 있다는 걸 알면 아마 깜짝 놀랄걸.

1 물질은 무엇으로 이루어져 있을까?

이 세상을 이루고 있는 모든 물질의 기본이 되는 것은 과연 무엇일까? 그것은 오랜 옛날부터 학자라면 누구나 갖고 있는 의문이었어. 이렇다 할 실험기구가 발명되지 않았던 옛날, 사람들은 물질의 근원에 대해 오직 상상하고 추측할 수밖에 없었지.

"만물의 근원은 물이다. 왜냐고? 물이 없으면 모든 생물은 살 수 없으니까." - 1원소설(물)

탈레스(Thales, BC 624~BC 545년)는 물질의 근원에 대해 최초로 고민한 철학자야. 그가 얘기한 만물의 근원은 물이었어. 당시 많은 사람들이 생각했던 것이기도 했지.

"물질의 근원은 공기다." - 1원소설(공기)

아낙시메네스(Anaximenes, BC 약 585~BC 525년)는 만물의 근원을 공기라고 주장했어. 그는 모든 물질을 공기의 농도로 설명했지. 공기의 농도가 작으면 불, 공기의 농도가 커지면 액체, 액체에서 더 농축되면 고체가 된다고 말이야.

"모든 물질은 물, 불, 흙, 공기의 4가지 원소로 이루어졌다." - 4원소설

엠페도클레스(Empedocles, BC 약 490~BC 430년)는 원소는 결코 새롭게 생성되거나 소멸되지 않는다고 생각했어.

"모든 물질은 더 이상 나눌 수 없는 작은 알갱이, 즉 입자로 되어 있다." - 입자설(원자설)

데모크리토스(Democritos, BC 약 450~BC 370년)는 오늘날과 같은 원자(atom)의 개념을 도입한 학자야. 그는 물질을 계속 쪼개다 보면 나중에는 더 이상 나눌 수 없는 작은 알갱이, 즉 입자에 도달한다고 믿었지.

- a(~않다) + tomos(자르다)→자를 수 없다→입자(atomos)→원자(atom)

"물, 불, 흙, 공기, 그리고 따뜻함, 차가움, 건조함, 습함의 4가지 성질" - 4원소설

아리스토텔레스(Aristoteles, BC 약 384~BC 322년)가 주장한 4원소설은 엠페도클레스의 4원소에 4가지 성질을 더한 거야. 그는 물, 불, 흙, 공기의 4원소에다 따뜻함, 차가움, 건조함, 습함의 4가지 성질을 잘 조합하면 세상의 모든 물질을

만들 수 있다고 생각했어. 아리스토텔레스의 새로운 4원소설은 17세기까지 이어져 연금술의 근간이 되었지.

 연금술(alchemy)이란 값싼 금속에 수은, 황, 소금 등을 적당히 섞은 후 열을 가해서 금을 만드는 기술을 말해. 연금술의 목적은 값싼 금속을 귀금속으로 바꾸거나 불로장수를 위한 약의 제조 등 사람들이 꿈꾸는 물질을 만들어 내는 데 있었지. 오늘날의 우리가 보기엔 다소 황당한 얘기지만, 연금술사들의 끊임없는 연구와 실험이 현대 화학 발전의 초석이 되었어.

 고대 동양 사람들도 고대 그리스의 학자들과 같이 물질의 기본에 대해 생각하고 연구했는데, 이것은 '오행설(五行說)'이란 동양 사상에 잘 드러나 있어. 그러면 기원전 4세기경 추연(騶衍)과 추석(騶奭)이라는 학자가 정립한 오행설에 대해 조금 알아보자고~.

 오행설의 요지는 바로 이거야. "물질은 물(水), 불(火), 나무(木), 쇠(金), 흙(土)의 다섯 가지, 즉 오행으로 이루어졌다."

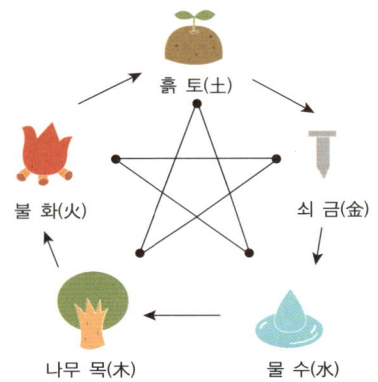

추연은 자연과 인간의 변화를 오행의 기본 성질 및 상호 작용으로 설명했어.

• 수(水): 차고 다른 물질을 습윤시키는 성질이 있으며 높은 곳에서 낮은 곳으로 흐른다.

- 화(火): 뜨겁고 불이 잘 붙으며 기운이 위로 올라가는 성질을 가졌다.
- 목(木): 부드럽고 잘 소통하며 곧게 뻗어 나가는 성질을 가지고 있다.
- 금(金): 아름답고 차고 굳으며, 두드리면 소리가 나고 불에 녹을 수 있다.
- 토(土): 물질에 영양을 공급하며 성질이 온후하고 변동이 적다.

그는 이들 오행 사이에는 서로 도와주려는 성질과 다른 것을 이기려는 성질이 있는데, 이 속에서 물질이 만들어지고 변화한다고 생각했어. 즉 나무가 타면 불이 되고, 불에 탄 것은 흙이 되고, 흙에서 쇠가 나오는 등 오행은 서로가 탄생하는 것을 도와준다는 거지. 반면에 쇠는 나무를 자르고, 물은 불을 꺼트리는 등 서로를 이기려는 성질 또한 가지고 있다고 했어.

지금까지 얘기한 고대의 물질관들은 두 가지로 나눌 수 있어. 바로 연속설과 불연속설이야.

연속설은 입자들 사이에 비어 있는 공간(진공)을 인정하지 않은 거야. 아리스토텔레스는 입자들 사이에 빈 공간은 없다고 했어. 모든 물질은 빈틈없이 죽 연결되어 있다는 얘기지. 그는 자르는 기술만 좋다면 물질을 끝없이 쪼갤 수 있고, 계속 쪼개 나가다 보면 나중에는 없어진다고 생각했어.

불연속설은 '입자들 사이에 빈 공간이 있다'는 주장으로, 물질을 쪼개다 보면 언젠가는 더 이상 쪼갤 수 없는 단위 입자가 나온다는 것이 핵심 내용이야. 고대 원자설을 주장한 데모크리토스는 물질이 원자와 빈 공간으로 이루어졌다고 했어. 그는 공기에 압력을 가했을 때 부피가 감소하는 것은 입자 사이의 빈 공간이 줄어들기 때문이라고 생각했지.

물질이 분자와 원자라는 작은 입자로 되어 있다는 건 오늘날 널리 인정된 사실이지만, 그 당시에는 대부분의 사람들이 연속설을 믿었어. 상상력의 한계라고나 할까? 게다가 플라톤의 수제자였던 아리스토텔레스의 세력이 굉장히 컸기 때문에 그와 대립되는 주장을 한 데모크리토스의 입자설은 거의 무시당했다고 해.

 엄마표 간단 정리

- 고대의 원자론은 상상과 추측에서 비롯되었으며, 다음과 같은 주장들이 있었다.

탈레스와 아낙시메네스	1원소설	만물의 근원은 물이다. (탈레스) 만물의 근원은 공기다. (아낙시메네스)
엠페도클레스	4원소설	모든 물질은 물, 불, 흙, 공기로 이루어졌다.
아리스토텔레스	4원소설	물, 불, 흙, 공기에 4가지 성질을 조합한다.
데모크리토스	입자설	물질은 더 이상 나눌 수 없는 입자로 되어 있다.

2
모든 물질의 기본은 원자다

　물질이란 무엇일까? 물질의 기본은 어디서 온 것일까? 상상력에 기초한 철학자들의 추측과 주장에서 벗어나 마침내 객관적인 실험을 통해 물질이 입자로 이루어졌다는 걸 증명한 사람이 나타났어. 바로 보일(Robert Boyle, 1627~1691)이야.

　보일은 원소가 물질을 이루는 근원이라면 크기, 질량, 부피를 가져야 한다고 생각했어. 그는 알파벳 J처럼 생긴 유리관에 수은을 채워 넣는 실험을 통해 데모크리토스의 입자설을 증명하고, 더 나아가 현대적인 원소 개념을 최초로 주장했지. 자, 그러면 보일의 실험을 한번 보자고~.

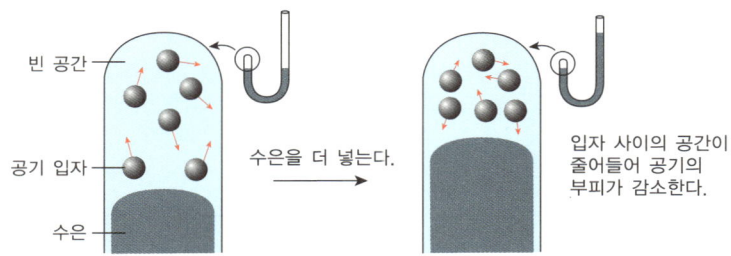

　참고로 J자 관은 구부러진 쪽의 끝은 막혀 있고 반대쪽 끝은 열려 있는 유리관이야. 열려 있는 쪽을 통해 J자 관에 수은을 흘려 넣으면

어느 순간 구부러진 쪽, 즉 막혀 있는 쪽으로 밀려들어 간 공기 때문에 수은이 도달하지 못하는 빈 공간이 생기게 돼. 이때 계속 수은을 흘려 넣으면 빈 공간의 부피는 조금 더 줄어들지.

만약 아리스토텔레스의 연속설이 맞다면 공기 또한 연속된 물질이기 때문에 압력을 가해도 부피가 줄어들면 안 돼. 하지만 실험을 해 보니 공기가 줄어들었지. 이에 보일은 "공기는 입자와 빈 공간으로 이루어져 있다. 따라서 압축을 시키면 입자와 입자 사이가 가까워지면서 전체 부피가 줄어든다."라고 결론을 지었어.

연속설 vs. 입자설

고대로부터 근대까지의 학자, 과학자 들의 원자에 대한 이론은 크게 연속설과 입자설로 나눌 수 있어. 연속설과 입자설의 핵심 내용은 다음과 같아.
- 연속설: 물질은 끝없이 계속 쪼갤 수 있다.
- 입자설: 물질을 쪼개다 보면 더 이상 나눌 수 없는 입자에 도달한다.

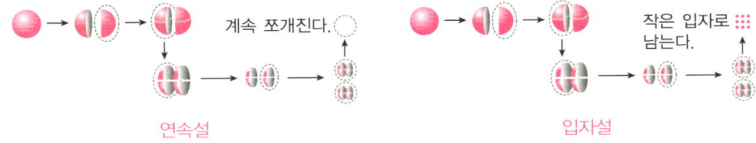

고대의 1원소설은 모두 연속설에 바탕을 두고 있어. 엠페도클레스의 4원소설, 아리스토텔레스의 4원소설도 연속설에 속해. 데모크리토스만 입자설을 주장했지. 반면에 근현대 과학자인 보일, 라부아지에, 돌턴의 원소설은 모두 입자설에 바탕을 두고 있어.

보일은 또한 공기를 비롯한 모든 물질은 입자로 이루어졌으며, 이 입자들이 모여서 기본 물질이 된다고 얘기했지. 이게 바로 보일의 '입자설'이야. 프랑스의 화학자 라부아지에(Antoine Lavoisier, 1743~1794)도 보일의 원소설에 한몫 거들었지. 라부아지에는 실험을 통해 물을 수소와 산소로 분리했을 뿐 아니라 이를 다시 합성해 물을 만들어 냄으로써 "물은 세상을 이루는 네 가지 원소 중 하나"라고 한 아리스토텔레스의 4원소설이 틀렸다는 걸 실험으로 증명했어.

자, 그러면 라부아지에의 실험을 한번 보자고~.

라부아지에는 기다란 주철관을 뜨겁게 달군 후에 주철관의 끝 부분을 차가운 냉각수와 연결했어. 주철관을 통과한 그 '무엇'이 급속히 냉각되게끔 한 거지. 그런 다음에 주철관의 입구를 통해 물을 천천히 흘려보냈어.

결과는 어땠을까? 물이 뜨겁게 달구어진 주철관에 맞닿은 순간 치익~ 하며 즉시 수증기로 변했고, 수증기의 일부는 다시 수소와 산소로 분리됐어. 그리고 산소는 주철관과 결합하면서 주철관에 녹이 슬었지. 참고로 주철은 탄소를 많이 포함하고 있는 철로 강철보다

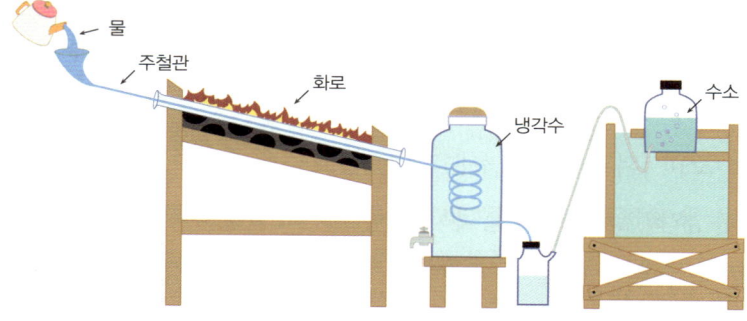

쉽게 녹이 스는 성질을 가지고 있어.

쉽게 분해되지 않은 수증기와 남은 기체는 주철관을 통과해서 반대편으로 나오자마자 차가운 냉각수와 맞닥뜨렸어. 그리고 수증기는 도로 물이 되었지. 하지만 수소 기체는 물에 녹지 않기 때문에 기체 상태 그대로 집기병에 모아졌어.

라부아지에는 이 실험을 통해 물이 두 가지 기체로 나뉜다는 걸 증명했고, 따라서 물은 원소가 아니라는 걸 알아냈어. 라부아지에는 원소의 정의를 새롭게 내렸지. 그가 생각한 원소의 개념은 "어떤 방법으로든 더 이상 분해할 수 없는 물질"이야.

자, 지금부터 본격적인 '원자'의 개념이 등장하니까 눈 크게 뜨고 똑바로 보도록.

모든 물질은 더 이상 쪼갤 수 없는 입자로 이루어져 있다는 보일의 입자설에 힘을 보태며 돌턴(John Dalton, 1766~1844)이 '원자'라는 개념을 들고 나왔어. 돌턴은 각 원소마다 고유의 원자가 있으며, 그 원자가 이리저리 결합하면서 여러 가지 화합물을 만들어 낸다고 했지. 그러면서 그는 원자를 공 모양으로 규정했어. 그저 단순하고 단단한 공.

"모든 물질은 원자로 이루어졌다!" 지금의 우리는 당연하게 여기는 사실이지만, 그 당시에는 아주 획기적인 주장이었어. 돌턴의 원자론을 정리해 보면 다음과 같아.

① 모든 물질은 더 이상 쪼개지지 않는 아주 작은 입자들로 되어

있다. 이 입자들을 원자라고 한다. → 여기까진 데모크리토스와 동일

쪼개지지 않는다.

② 같은 원소의 원자끼리는 질량과 크기가 같고, 다른 원소의 원자끼리는 질량과 크기가 다르다.

수소 원자   산소 원자

③ 서로 다른 물질은 다른 종류의 원자들로 구성되어 있다.

물 분자   질소 분자

④ 화학 반응이 일어날 때 원자는 자리만 바꿀 뿐, 다른 원자로 변하거나 새로 생기거나 없어지는 건 아니다. → 질량 보존의 법칙

변하지 않는다.
없어지지 않는다.

⑤ 두 가지 이상의 원자들이 일정한 비율로 결합하면서 새로운 물질이 만들어진다.
→ 일정 성분비의 법칙

철   황   황화철

마침내 '원자'라는 입자 개념이 본격적으로 등장한 거야. 짝짝짝.

 엄마표 간단 정리

- 근대 원자론은 실험을 통해 물질이 입자로 이루어져 있음을 증명했다.

보일	입자설	모든 물질은 입자로 이루어졌다. (과학적 증명)
라부아지에	원소설	원소는 더 이상 분해할 수 없는 물질이다.
돌턴	원자설	물질은 더 이상 쪼개지지 않는 작은 입자인 원자가 일정한 비율로 결합한 것이다.

3 원소의 이름은 어떻게 정해졌을까?

중세의 연금술사들은 원소를 그림으로 표시했어. 나라가 다르고 쓰는 언어가 달라도 누구나 원소의 종류를 쉽게 알아볼 수 있도록 하기 위해서였지. 하지만 이후 새로운 원소들이 계속 발견되면서 새로운 체계의 기호가 필요했어. 기존의 그림 기호는 너무 복잡했거든. 원자의 개념을 확립한 돌턴은 원과 기호를 사용해 좀 더 간단한 모습의 원소 기호를 발표했어. 하지만 그가 제시한 원소 기호는 일정한 규칙이 없어서 외우기 힘들었지.

돌턴은 각 원소들의 원자량(atomic weight)도 계산했지. 수소 원자의 질량을 1이라고 했을 때, 각 원자의 상대적인 질량을 원자량으로 정했지. 참고로 현대의 원자량은 탄소의 원자량을 12로 놓고 각 원소의 상대적인 값을 표시한 거야.

우리가 현재 쓰고 있는 원소 기호는 스웨덴의 과학자 베르셀리우스(Jöns Jacob Berzelius, 1779~1848)가 만든 거야. 그는 각 원소의 알파벳 이름을 이용해 원소 기호들을 만들었지.

규칙 1. 원소 이름의 첫 글자를 알파벳의 대문자로 나타낸다.
    산소: Oxygen → O   질소: Nitrogen → N

규칙 2. 첫 글자가 같으면 그다음 또는 중간에 오는 글자를 소문자로 해서 첫 글자 다음에 붙인다.
수소: Hydrogen → H   질소: Nitrogen → N   니켈: Nickel → Ni
헬륨: Helium → He   네온: Neon → Ne

중세 연금술사들로부터 돌턴, 베르셀리우스에 이르는 원소 기호들의 변천을 조금 살펴보면 다음 표와 같아.

구분	황	철	아연	은	수은	납
연금술사	⚹	♂	♯	☾	☿	♄
돌턴	⊕	Ⓘ	Ⓩ	Ⓢ	✪	Ⓛ
베르셀리우스	S	Fe	Zn	Ag	Hg	Pb

내친김에 원소의 이름과 그 기원에 대해서도 살펴보자고~. 원소의 이름은 그것을 지칭하는 단어 또는 원소를 발견한 사람이나 원소가 발견된 장소와 관계가 있어.

[원자 번호 1, 수소] H: Hydrogen. '물(hydro)에서 생긴다(genes)'

[원자 번호 2, 헬륨] He: Helium. '태양(helios)'

[원자 번호 3, 리튬] Li: Lithium. '돌(lithos)'

[원자 번호 4, 베릴륨] Be: Beryllium. 광물 '녹주석(beryl)'

[원자 번호 5, 붕소] B: Boron. '붕사(buraq)'

[원자 번호 6, 탄소] C: Carbon. '목탄(carbo)'

[원자 번호 7, 질소] N: Nitrogen. '초석(nitre)에서 생긴다(genes)'

[원자 번호 8, 산소] O: Oxygen. '산(oxys)에서 생기다(genes)'

[원자 번호 9, 플루오린] F: Fluorin. '형석(fluorite)'

[원자 번호 10, 네온] Ne: Neon. '새로운(neos)'

[원자 번호 11, 나트륨] Na: Sodium. '소다(soda)'

[원자 번호 12, 마그네슘] Mg: Magnesium. 마그네시아 지역에 있는 '마그네시아석(石)'

[원자 번호 13, 알루미늄] Al: Aluminium. '알루멘(Alumen)'

[원자 번호 14, 규소] Si: Silicon. '부싯돌(silicis)'

[원자 번호 15, 인] P: Phosphorus. '빛(phos)', '운반하는 것(phoros)'

[원자 번호 16, 황] S: Sulfur. '황(sulpur)'

[원자 번호 17, 염소] Cl: Chlorine. '황록색(chloros)'

[원자 번호 18, 아르곤] Ar: Argon. '게으름뱅이(argos)'

[원자 번호 19, 칼륨] K: Potassium. '알칼리(quli)'

[원자 번호 20, 칼슘] Ca: Calcium. 라틴어 '석회(calx)'

[원자 번호 40, 지르코늄] Zr: Zirconium. '지르콘'

- 발견된 지명에서 유래한 원소

[원자 번호 63, 유로퓸] Eu: Europium. '유럽'

[원자 번호 98, 칼리포르늄] Cf: Californium. '캘리포니아' 또는 '캘리포니아 대학'

- 과학자의 이름에서 유래한 이름

[원자 번호 96, 퀴륨] Cm : Curium. '퀴리'

[원자 번호 99, 아인슈타이늄] Es : Einsteinium. '아인슈타인'

[원자 번호 100, 페르뮴] Fm : Fermium. '페르미'

[원자 번호 101, 멘델레븀] Md : Mendelevium. '멘델레예프'

지금까지 우리가 발견한, 자연계에 존재하는 원소들은 H(수소)부터 U(우라늄)까지 92개야. 그리고 과학자들이 인위적으로 만들어 낸 것까지 더하면 110개 정도 돼.

엄마표 간단 정리

- 현대의 원소 기호는 원소를 간단하게 표시하기 위해 만든 기호로서 1개 또는 2개의 알파벳 문자로 나타낸다.
- 현대의 원자량은 탄소의 원자량을 12로 놓고 각 원자의 상대적인 값을 나타낸 것이다.

4 알고 보니, 원자는 건포도빵이었어요

'원자는 더 이상 쪼개지지 않는 최소의 입자'라는 생각이 틀렸다는 걸 알아낸 사람은 톰슨(Joseph John Thomson, 1856~1940)이야. 1897년, 톰슨은 원자 안에 들어 있는 '전자(電子, electron)'를 발견했어. 저 유명한 음극선 실험을 통해서 말이야.

음극선이 뭐냐고? 음극선(陰極線, cathode ray)은 음극(-극)에서 방출된 전자들의 흐름이야.

음극선 실험 과정은 다음과 같아. 유리로 만든 밀폐 용기 안쪽에 +극과 -극을 설치한 후, 용기 안의 공기를 빼내고 진공 상태로 만드는 거야. 그런 다음 두 극에 전기를 흐르게 하면 +극 부근의 유리관이 황록색으로 빛나는 걸 볼 수 있는데, 그 이유는 -극에서 광선이 나와서 +극 쪽으로 가서 부딪치기 때문이야. 그리고 이 광선이 바로 음극선이지.

톰슨은 음극선을 보다 자세히 연구했어. 그는 음극선이 지나는 경로에 자기장을 걸어 보기도 하고 바람개비도 놓아 보는 등 여러 가지 실험을 했지. 그러고는 마침내 음극선은 질량을 갖고 있는 -전하를 띤 입자의 흐름이라는 결론에 도달했어.

톰슨의 실험과 그 결과는 다음과 같아.

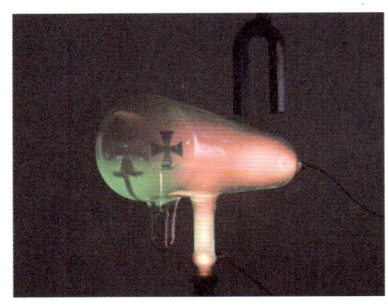

음극선의 진로에 금속으로 만든 십자가 모양의 물체를 놓았더니 동일한 모양의 그림자가 생겼다. 이로써 음극선이 직진한다는 것을 알 수 있다.

① 음극선은 -극에서 나와서 +극으로 이동한다: 음극선은 -전하를 가졌다.
② 음극선의 진로 중간에 전기장을 걸어 주면 음극선은 +극 쪽으로 구부러진다: 음극선은 -전하를 가졌다.
③ 음극선의 진행 방향에 장애물을 놓으면 그림자가 생긴다: 음극선은 직진한다.
④ 음극선의 진행 방향에 바람개비를 놓으면 바람개비가 돌아간다. → 음극선에 부딪히면 바람개비가 돌아간다: 음극선은 질량을 가진 입자다.

이후 톰슨은 더 많은 실험을 통해 음극선은 수소 원자의 약 2000분의 1의 질량을 가졌으며 -전하를 띤 입자로 이루어졌다는 걸 알아냈어.

그뿐 아니야. 톰슨의 실험에 따르면 음극선은 -극으로 어떤 금속을 사용하느냐에 상관없이 항상 나왔어. 무슨 뜻이냐고? 모든 금속에 음극선을 이루는 동일한 입자, 즉 전자가 들어 있다는 거야. 한마디로 전자는 '모든 물질, 모든 원자에 포함된 기본 입자'야.

 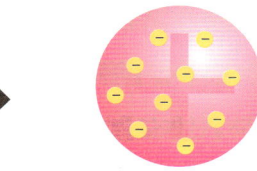

그런데 말이야, 원자는 자연 상태에서 전기적으로 중성이잖아? −전하를 띤 전자가 들어 있는데 전체적으로 중성이라면, 원자 어딘가에 +전하를 띤 부분도 있어야 하지 않을까? 그래야 +와 −가 서로 상쇄되면서 전기적으로 중성을 이룰 테니까 말이야.

하나의 원자 안에 −입자와 +입자가 함께 존재하려면 어떤 형태여야 할까? 톰슨이 고민 끝에 내놓은 원자 모형은 바로 '건포도 푸딩 모형(Plum Pudding Model)'이야. +를 띤 원자 안에 −전하를 띤 전자가 군데군데 박혀 있는 모양이 건포도 푸딩 같다고 해서 붙인 이름이야.

일찍이 돌턴은 원자를 "쪼개지지 않는 아주 작은 입자"라고 했어. 톰슨은 한발 더 나아가 원자는 그냥 작은 입자가 아니라 '−전하를 띤 부분과 +전하를 띤 부분이 공존하는, 즉 전기적 특성을 지닌 입자'라는 사실을 밝혀낸 거지.

엄마표 간단 정리

- 음극선 실험을 통해 밝혀진 전자의 개념: 전자는 모든 원자에 포함된 기본 입자로서 −전하를 띤다.
- 톰슨의 건포도 푸딩 모형: 원자는 전체적으로 균일하게 +전하를 띤 공 모양의 입자에 −전하를 띤 전자가 군데군데 박혀 있는 형태이다.

5
사실, 원자는 텅 비어 있대요

'원자의 내부에는 −전하를 띠는 전자가 있다. 그런데 원자 전체는 중성이다. 따라서 원자 내부에는 +전하를 띤 부분도 있다.' 여기까지는 확실하게 알았어. 그렇다면 원자라는 작은 공간 안에 +전하와 −전하는 어떤 모습으로 함께 자리하고 있을까?

톰슨의 건포도 푸딩 모형은 하나의 가설일 뿐, 입증된 건 아니었어. 톰슨 이후의 과학자들은 원자 내에 +전하와 −전하가 어디에 어떻게 자리 잡고 있는지 알아내기 위한 연구에 몰두했지.

1911년, 영국의 과학자 러더퍼드(Ernest Rutherford, 1871~1937)는 원자의 구조를 알기 위해 α선 또는 α입자라 불리는 강력한 방사선을 사용하기로 했어.

α입자는 라듐에서 나오는 입자야. 전자보다 약 7300배 무거우면서 +전하를 갖고 있지. 이 α입자를 원자에 대고 빠른 속도로 쏜다면 어떻게 될까? 무슨 말인지 잘 모르겠다고? 알기 쉽게 얘기해 줄게. 콩알만 한 크기의 쇠구슬이 총알보다 빠른 속도로 날아가고 있는데 중간에 탁구공이 딱 가로막고 있다면 어떻게 될까? 쇠구슬이 날아가다 부딪쳐서 멈출까? 천만에! 쇠구슬은 아무 일 없다는 듯이 제 길을 갈 테고, 가여운 탁구공만 무참하게 튕겨져 나갈 거야.

마찬가지로 전자보다 몇천 배 무거운 α입자가 빠른 속도로 원자 내부를 지나가다 전자를 만나면? 전자 따윈 무시하고 제 길을 가겠지.

러더퍼드는 대학에서 제자들과 함께 실험을 했어. 먼저 아주 얇은 금박을 만들었어. 금 원자가 기껏해야 두세 개 정도 겹쳐질 정도로 얇았지. 그러고 나서 이 금박을 향해 α입자를 쐈어.

일단 α입자가 금박을 통과하면서 전자를 만나면, "저리 비켜!" 하며 무시하고 지나갈 거야. 만약에 α입자의 경로가 휘어지는 일이 일어난다면 그건 +전하를 띤 부분에 부딪쳤기 때문이겠지. 톰슨의 건포도 푸딩 모형대로라면 +전하는 원자 전체에 골고루 퍼져 있어. 따라서 '입자의 경로가 +전하 때문에 영향을 받더라도 조금 휘는 정도일 테고, 대부분의 α입자는 무난하게 통과할 것이다.' 이게 러더퍼드의 예상이었어.

그런데 실험 결과는 너무나도 뜻밖이었어. 우선 대부분의 α입자가

〈러더퍼드의 α입자 산란 실험〉

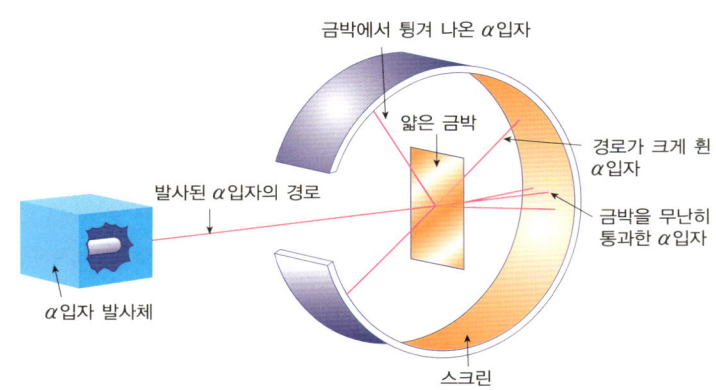

일직선으로 혹은 원래 진로에서 아주 살짝 벗어나는 정도로 금박을 통과했어. 여기까진 러더퍼드의 예상과 같아. 하지만 1만 번 중 1번 꼴로 α입자의 경로가 아주 큰 각도로 휘어지는 현상이 일어난 거야. 그중에는 반대 방향으로 튕겨 나오는 α입자도 있었어.

금 원자 내에 양성자와 전자가 고르게 분포한다면 모든 α입자가 별 무리 없이 통과해야 할 텐데 일부가 크게 휘어지고 반대쪽으로 튕겨 나오기까지 하다니, 이것은 톰슨의 건포도 푸딩 모형에서는 도저히 일어날 수 없는 일이었어. 뜻밖의 발견에 러더퍼드는 고민에 빠졌지.

'α입자는 +전하. 따라서 α입자가 튕겨 나갔다는 건 원자 내에 매우 강력한 +전하를 띤 부분이 있다는 건데…'

고민 끝에 러더퍼드가 내린 결론은, 원자 내 +전하는 여기저기 흩어져 있지 않고 아주 작은 크기로 똘똘 뭉쳐져 있다는 것, 그리고 그 주변에 −전하를 가진 전자들이 여기저기 흩어져 있다는 것이었어.

러더퍼드는 실험의 결과를 이렇게 정리했어.

"원자의 대부분은 빈 공간이다. 원자의 중심에는 매우 작으면서도 엄청나게 무거운 +전하를 띤 부분이 있다. 이것이 바로 핵이다. 그리고 그 주위를 −전하를 띤 전자 입자들이 돌고 있다."

러더퍼드는 +전하가 집중되어 있는 부분을 '원자핵(原子核, atomic nucleus)'이라 이름 붙이고, 이후에도 원자핵의 구조를 계속 연구했어. 그는 원자핵은 하나의 입자가 아니라 +전하를 띤 '양성자(陽性子, proton)' 여러 개가 모여 있는 집합체라는 것을 알아냈지. "원자핵

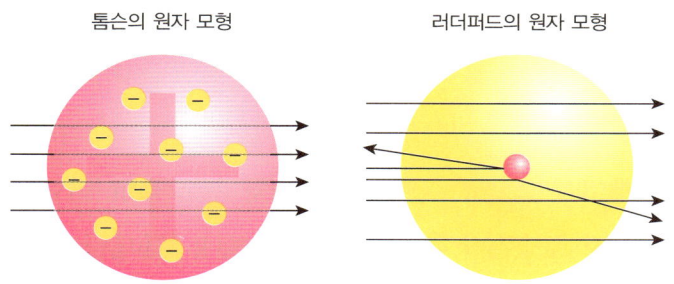

α입자는 가운데 +전하가 모여 있는 부분과 부딪혔을 때만 튕겨져 나가고 대부분 그대로 통과한다.

의 +전하량은 양성자 수에 의해 결정되며 양성자들의 전하량을 모두 더하면 전자들이 갖고 있는 -전하량의 합과 부호만 다를 뿐 절댓값은 같기 때문에 원자 전체로 봤을 때 전기적으로 중성"이라는 것도 밝혀냈어.

러더퍼드의 원자 모형은 행성이랑 비슷해. 원자핵을 중심으로 전자가 일정한 궤도를 따라 움직이는 모습이 마치 태양을 중심으로 행성들이 공전하는 모습과 같아. 그래서 러더퍼드의 원자 모형에 '행성 모형'이라는 이름이 붙었지.

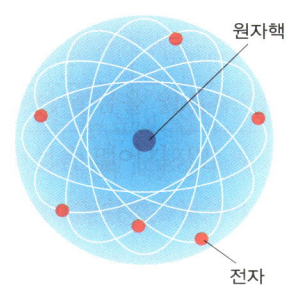

그런데 말이야, 원자핵 안에는 양성자만 들어 있는 게 아니야. 양성자와 함께 또 다른 '무엇'이 들어 있단다.

러더퍼드는 여러 원자들을 대상으로 원자핵의 질량을 조사했는데,

원자핵의 질량과 양성자의 질량이 일치하지 않는다는 걸 발견했어. 원자핵에 들어 있는 양성자들의 질량의 합이 원자핵 전체 질량의 절반 정도밖에 안 되는 거야. 이에 러더퍼드는 원자핵 안에는 '양성자와 비슷한 질량을 가지고 있으면서 전하를 띠지 않는 입자'가 존재한다고 생각했어.

이후 실험을 통해 이 입자의 존재를 증명한 사람은 영국의 물리학자 채드윅(James Chadwick, 1891~1974)이야. 러더퍼드의 제자이지. 채드윅은 베릴륨 원자핵에 α입자를 쏘면 핵으로부터 양성자와 질량이 비슷하면서도 전하를 띠지 않는 입자가 튀어 나온다는 걸 발견했어. 채드윅은 이 입자를 '중성자(中性子, neutron)'라고 이름 붙였지. 중성자의 발견으로 채드윅은 노벨물리학상도 받았어.

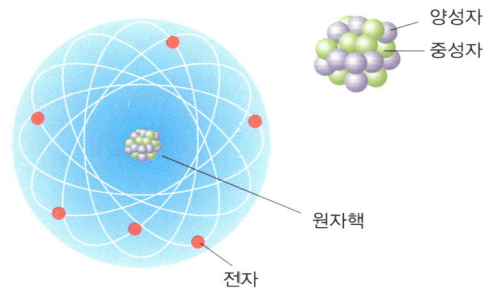

중성자의 질량은 양성자와 거의 같아. 양성자의 질량을 1이라고 하면 중성자의 질량도 1로 간주해. 그에 비해 전자의 질량은 양성자의 1800분의 1 정도밖에 안 돼. 이처럼 전자의 질량이 상대적으로 작기 때문에 원자의 질량을 얘기할 때는 해당 원자 안에 들어 있는

양성자와 중성자의 질량만을 합해서 말하곤 해. 이를 질량수(mass number)라고 해. 질량수는 한마디로 양성자 수와 중성자 수를 합한 거야. 예를 들어 수소 원자는 원자핵 속에 양성자만 1개 있고 중성자가 없기 때문에 질량수는 1이 돼. 또 헬륨 원자는 양성자가 2개 있고 중성자도 2개 있어서 2+2=4. 따라서 질량수는 4가 되지.

그런데 원자핵에 중성자는 왜 존재하는 거냐고? 중성자는 양성자들이 서로 튕겨 나가지 않게 붙잡는 역할을 해. 양성자끼리 좁은 공간에 모여 있으면 어떨 것 같아? 양성자들은 모두 +전하를 갖고 있으니까 서로 간에 전기적 반발력이 작용할 거야. 서로 밀어내면서 튀어 나가려고 하겠지. 이때 중성자 등장! 전하를 띠지 않은 중성자가 양성자들 사이에 끼면서 자연스럽게 전기적 반발력을 사라지게 해.

그뿐만이 아니야. 양성자와 중성자 사이에는 서로 강하게 잡아당기는 힘이 작용해. 그 덕분에 입자들이 한 덩어리로 뭉치면서 원자핵이 안정화되고, 나아가 원자 전체가 안정화되지.

같은 극끼리 마주보고 있는 자석은 반발력에 의해 일정 거리 이상 접근하지 못한다.

가운데 쇠구슬을 놓으면 자석이 구슬에 붙으면서 전체가 한 덩어리가 된다.

여기서 재미난 사실 하나. 중성인 원자에서 '원자 번호 = 양성자 수 = 전자 수'라는 건 알고 있을 거야. 그러면 중성자 수와 원자 번호의 관계는 어떨까? 결론부터 얘기하자면, 중성자 수는 원자 번호와 같을 때도 있고 같지 않을 때도 있어.

그 이유는 이래. 양성자가 많으면 양성자들 사이에 작용하는 척력, 즉 반발력은 급속히 늘어나. 양성자가 2개일 때의 반발력은 2이지만 20개일 때의 반발력은 급속하게 늘어나서 20보다 더 크게 돼. 따라서 필요한 중성자 수는 늘어난 양성자 수보다 더 많게 되지. 몇 가지 원소의 양성자 수와 중성자 수를 살펴보자고~.

- 헬륨 [원자 번호 2]: 양성자 2개, 중성자 2개
- 산소 [원자 번호 8]: 양성자 8개, 중성자 8개
- 철 [원자 번호 26]: 양성자 26개, 중성자 30개
- 우라늄 [원자 번호 92]: 양성자 92개, 중성자 146개

어때, 원자 번호가 커질수록 중성자와 양성자의 개수 차이가 벌어지지?

같은 원자인데 중성자 수가 다른 경우도 있어. 예를 들어 원자 번호가 6인 탄소의 경우, 원자핵 내에 양성자 6개, 중성자 6개가 있는

〈탄소 동위원소〉

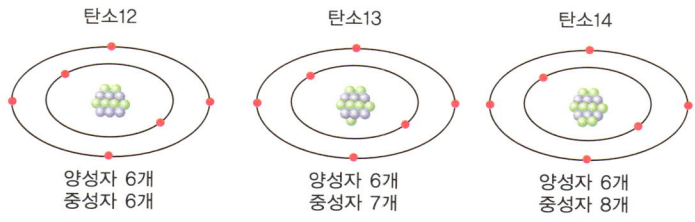

원자가 있는가 하면 양성자 6개, 중성자 7개 들어 있는 경우도 있어. 이때 같은 탄소 원자일지라도 중성자 수가 다르기에 원자의 전체 질량이 달라지지. 이러한 원자들을 동위원소(同位元素, isotope)라고 해.

 엄마표 간단 정리

- 러더퍼드의 행성 모형: 원자의 중심에는 +전하를 띤 원자핵이 있고 그 주위를 −전하를 띤 전자들이 돌고 있다.
- 원자핵의 구조: 원자핵은 +전하를 띤 양성자들과 전하를 띠지 않는 중성자들이 강하게 응집되어 있다.

6
전자는 정해진 길을 따라 돌아야 해요

러더퍼드의 행성 모형은 전자가 원자핵 주변의 텅 빈 공간을 돌고 있는 이론이야. 하지만 실제로 −전하를 띤 전자가 +전하를 띤 원자핵 주위를 돈다면 전자는 전자기파를 방출하면서 에너지를 잃고 순식간에 원자핵으로 빨려 들어가 원자 구조 전체가 붕괴되고 말 거야.

원자가 불안정하다는 건, 이 세상의 모든 물질이 불안정한 상태라는 걸 의미해. 컵 속의 물을 마시려는데 물 분자를 이루는 수소 원자와 산소 원자가 붕괴된다면? 물이라는 물질 자체가 사라지고 말 거야. 아니, 사라지기만 하면 다행이지. 컵 속에서 핵폭발이 일어나지는 않을까? 원자가 불안정하다면 세상은 난리가 날 거야.

하지만 지금 우리가 살고 있는 세상, 더 정확히 말해서 세상을 이루는 물질들은 상당히 안정화되어 있어. 따라서 원자가 원자핵 주변의 텅 빈 공간을 무작정 돌고 있다는 러더퍼드의 이론을 보완할 필요가 있어.

그래서 등장한 게 보어(Niels Bohr, 1885~1962)의 전자껍질(electron shell) 이론이야. '전자는 원자핵 주위를 무작위로 도는 게 아니라 특정한 에너지를 가진 몇 개의 궤도(orbit)를 따라 돌고 있으며, 이 궤도를 전자껍질이라 한다.'는 게 전자껍질 이론의 핵심이야. 전자가 이 궤도를 돌 때는 전자기파를 방출하지 않기 때문에 에너지 손실 없이 안정한 상태에서 계속 이동할 수 있어.

원자 내의 전자들이 각자 일정한 궤도 위에서만 돌기 때문에 원자핵 쪽으로 빨려 들어가거나 다른 전자들과 부딪치는 일이 없고, 따라서 원자 전체의 상태가 안정하게 된다는 거지. 그렇게 해서 전자껍질 이론이 탄생한 거야.

보어는 자신이 발견한 전자껍질 이론을 설명하며 각 전자껍질에 이름도 붙였어. 원자핵에서 가까운 안쪽 전자껍질부터 알파벳 순서대로 K, L, M…. 원자핵에서 가까운 껍질일수록 에너지가 낮아 안정한 상태이고 멀리 떨어져 있는 껍질일수록 에너지가 높아. 따라서 안쪽 껍질에 있는 전자가 바깥쪽 껍질로 가려면 에너지를 흡수해야 하고, 반대로 바깥쪽 껍질에 있는 전자가 안쪽 껍질로 들어오려면 자신이 갖고 있는 에너지를 방출해서 낮은 에너지 상태가 되어야 해.

내친김에 각각의 전자껍질에 들어갈 수 있는 전자의 개수에 대해서도 이야기해 줄게. 얼핏 생각하면 억지로 끼워 맞춘 얘기인 듯싶기도 하지만, 그 덕에 이전까지 풀 수 없었던 화학 반응 및 화학 결합의 원리에 대한 의

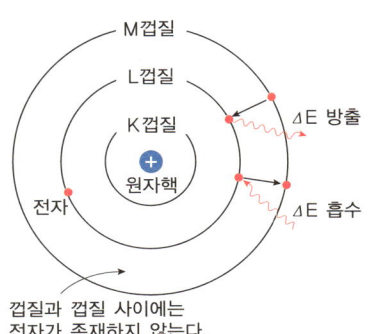

껍질과 껍질 사이에는 전자가 존재하지 않는다.

높은 에너지 준위에서 들뜬 상태로 있는 전자는 불안정하기 때문에 에너지를 방출하면서 안정된 상태의 에너지 준위로 돌아가려고 하는데, 이때 빛(전자기파) 등의 에너지를 방출한다.

문이 얼마나 많이 해결되었는지 몰라. 전자들은 에너지가 낮은 껍질, 즉 안쪽 전자껍질부터 차곡차곡 쌓이는데, 각 전자껍질에 들어가는 전자의 개수는 일정하게 정해져 있어. 공식으로 나타내면 $2n^2$개. 여기서 n은 K, L, M… 껍질에 순서대로 1, 2, 3… 을 붙인 숫자야.

첫 번째 껍질 K에 들어가는 전자 수는 $2(1)^2 = 2$
두 번째 껍질 L에 들어가는 전자 수는 $2(2)^2 = 8$
세 번째 껍질 M에 들어가는 전자 수는 $2(3)^2 = 18$

그런데 실제로는 세 번째 껍질에 8개만 들어가고 초과되는 전자는 네 번째 껍질인 N 껍질에 들어가게 돼. 이때 적용되는 법칙이 여덟 전자법칙, 즉 옥텟규칙(Octet rule)이야. 옥텟규칙은 원자핵의 주위를 돌고 있는 전자들 중 가장 바깥껍질에 있는 전자의 개수가 8개일 때 그 원자가 안정하다는 규칙이야. 따라서 원자 내 껍질들에 들어가는

전자껍질 이름은 왜 K, L, M…일까?

보어가 전자껍질에 이름을 붙인 건 알지? 보어도 원래는 전자껍질 이름을 알파벳 순서대로 A, B, C…, 이렇게 하려고 했어. 그런데 문득 이런 생각이 든 거야. '혹시 내가 발견한 껍질보다 더 낮은 에너지 준위의 전자껍질이 있지 않을까?' 그래서 K부터 시작한 거지. 그런데 그 이후로 지금까지 K보다 낮은 에너지 준위의 전자껍질은 발견되지 않았어. 그래서 K가 가장 낮은 에너지 준위의 전자껍질이 된 거지.

전자 배치를 계산할 때는 K - L - M 순서대로 2 - 8 - 18이 아니라 2 - 8 - 8로 계산해야 해.

몇 가지 원소의 전자 배치를 살펴보자.

$_3$Li : K(2), L(1)

$_{11}$Na : K(2), L(8), M(1)

$_{17}$Cl : K(2), L(8), M(7)

$_{19}$K : K(2), L(8), M(8), N(1)

→ 세 번째 껍질에 8개만 들어가고 초과되는 전자는 네 번째 껍질로 들어간다.

( ) 안의 숫자는 해당 전자껍질 안의 전자 수

명심 또 명심하자고. 우리가 전자껍질에 전자를 차곡차곡 채워 나갈 때 각 껍질에 들어가는 전자의 개수는 가장 안쪽 껍질부터 2개 - 8개 - 8개!

엄마표간단 정리

- 보어의 전자껍질 이론: 전자는 특정한 에너지를 가진 궤도를 따라 돌고 있으며, 이 궤도를 전자껍질이라 한다. 핵에서 가까운 껍질일수록 에너지가 낮고 멀리 떨어질수록 에너지가 높다.
- 핵에서 가장 가까운 안쪽 전자껍질부터 전자가 채워지며 껍질별로 들어가는 전자의 개수는 2-8-8개이다.

7 현대의 원자 모형은 두둥실~ 전자구름이에요

현대의 원자 모형은 전자구름(electron cloud) 모형이라고 해.

보어의 원자 모형의 핵심은 전자가 특정한 궤도를 돌고 있다는 거야. 그 궤도가 바로 전자껍질이지. 그런데 훗날 보어의 모형 또한 틀렸다는 주장이 등장해. 하이젠베르크(Werner Heisenberg, 1901~1976)가 전자의 위치와 속력을 동시에 정확히 구하는 것은 불가능하다며 '불확정성의 원리'를 발표한 거야. 이 원리에 의하면 전자의 움직임과 관련해서 보어의 전자껍질처럼 정해진 궤도를 설정할 수 없게 돼.

> • 불확정성의 원리(Uncertainty principle): 양자역학의 기본 원리로, 입자의 위치와 운동량을 동시에 정확하게 알기는 어렵다는 것이 주 내용이다. 입자의 위치를 정하려 하면 운동량이 확정되지 않고, 운동량을 정확하게 측정하려 하면 위치가 불안정해지기 때문이다.

그래서 등장한 게 오비탈(orbital)이야. 오비탈은 보어의 원자 모형에 나오는 궤도(orbit)하고는 전혀 다른 개념으로 전자의 분포 상태 또는 존재 확률을 나타낸 것을 말해.

나트륨(Na)의 전자껍질 모형을 예로 들어 설명해 줄게. 그림을 보면

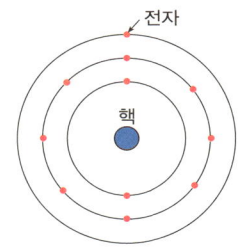
〈나트륨의 전자껍질 모형〉

전자들이 일정한 궤도를 따라 원자핵 주위를 돌고 있지? 하지만 전자들이 실제로 이 궤도를 따라 일정하게 도는 건 아니야. 전자가 어디에 있는지는 명확하게 알아낼 수 없고, 단지 이곳에 있을 가능성이 높다는 식의 확률 분포로만 표시할 수 있지. 이처럼 전자의 움직임이나 위치를 뚜렷한 궤도가 아닌 확률로 나타내다 보니 오비탈은 딱히 정해진 모양이 없어. 그래서 전자 밀도의 90%, 즉 전자가 존재할 확률이 90%인 곳에 경계면을 그려서 오비탈 모형을 만들었지. 이런 오비탈들이 수없이 겹쳐지면서 밖에서 봤을 때 원자가 마치 하나의 구름처럼 보이는 것, 그게 바로 전자구름 모형이야.

그렇지만 원자의 성질, 결합 및 화학 반응 등을 전자구름에서 표현하기는 어려워. 그래서 일반적으로는 보어의 전자껍질 모형에 오비탈 개념을 집어넣은 모형을 이용해 원자 내 전자 배치, 화학 결합에서의 전자 이동을 설명한단다.

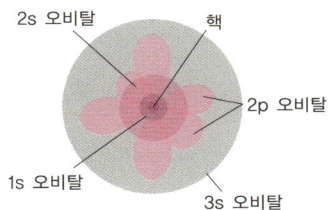
〈오비탈 모형〉

엄마표간단 정리

- 전자구름 모형: 전자의 정확한 위치와 속력을 동시에 알 수 없기 때문에 오비탈을 이용해 원자 주위의 전자가 존재할 확률을 나타낸 모형이다.
- 전자는 에너지 준위가 낮은 껍질에 있는 오비탈부터 순서대로 들어간다.

8 원자의 구조와 화학적 성질

 원자의 성질과 화학 반응을 알기 위해선 원자 내 전자 배치에 대해 알아야 해. 우리들은 원자 번호 20번까지만 알아도 충분할 거야.

 다음에 나오는 그림은 원자 번호 1부터 20까지 각 원소들의 전자 배치도야. 원자핵에서 가장 가까운 첫 번째 껍질에는 전자가 2개, 두 번째 껍질에는 8개, 세 번째 껍질에도 8개, 그러고도 남는 전자는 네 번째 껍질에 들어가게 돼.

 전자 배치도에서 각 원자의 가장 바깥쪽 껍질에 있는 전자를 '최

〈전자 배치도〉

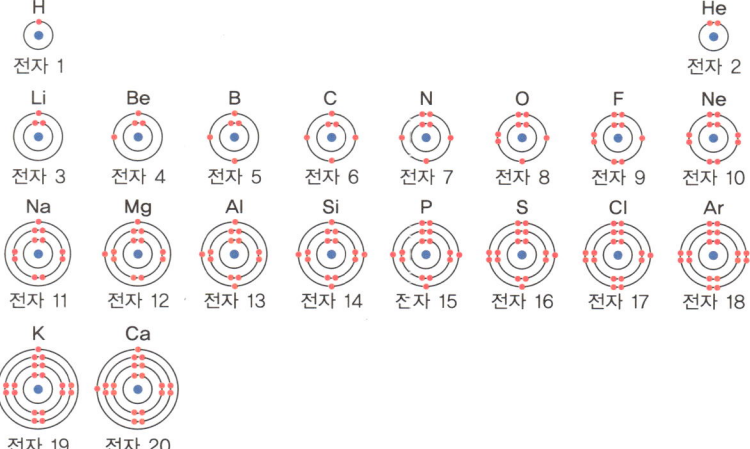

외각전자'라고 해. 원자의 화학적 성질이 대부분 이 최외각전자의 수에 의해 결정돼. 전자 배치도를 보면 Be, Mg, Ca은 최외각전자가 각각 두 개씩이지? 그래서 이들 세 원소는 비슷한 점이 상당히 많아.

이쯤에서 슬슬 '주기율표'에 대해 얘기해 줘야 할 것 같네. 주기율표(periodic table)란 원소를 원자량의 증가 순서에 따라 나열한 후에 원소의 주기성이 나타나도록 배열한 표야. 참고로 원자량이란 탄소 원자의 질량을 12라고 했을 때 각 원자의 상대적인 질량을 말해.

주기율표에서 원소들을 구분하는 방법으로 주기와 족이 있어. 주기와 족은 원소의 화학적 성질을 결정하는 아주 중요한 요소이지. 주기율표를 보면서 주기와 족이 무엇인지, 어떻게 정해지는지 얘기

〈주기율표〉

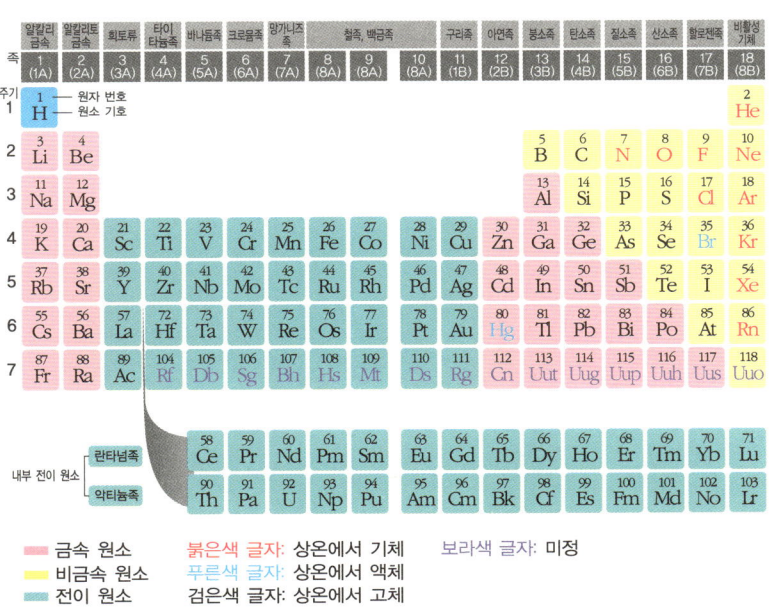

해 보자고~.

먼저 주기는 그 원자가 갖고 있는 전자껍질의 개수야. 예컨대 1번 원소인 H는 껍질이 1개니까 1주기, 6번 원소인 C는 껍질이 2개니까 2주기, 13번 원소인 Al은 껍질이 3개니까 3주기가 돼.

그리고 족은 가장 바깥껍질에 있는 전자의 개수를 뜻해. 예컨대 1번 원소인 H는 가장 바깥껍질에 1개의 전자가 있으니까 1족, 6번 원소인 C는 가장 바깥껍질에 4개의 전자가 있으니까 4족, 13번 원소인 Al은 가장 바깥껍질에 3개의 전자가 있으니까 3족이 돼.

그런데 주기와 족이 원소의 화학적 성질을 어떻게 결정하냐고? 그건 나중에 6장에서 얘기해 줄게. 지금 알아야 할 건, 원자의 구조를 파악하는 데 있어 아주아주 중요한 전자 배치와 그에 따른 주기와 족의 개념이야. 지구상의 모든 원자들이 주기와 족에 의해 분류되고 있지.

엄마표 간단 정리

• **원자 모형의 변천**

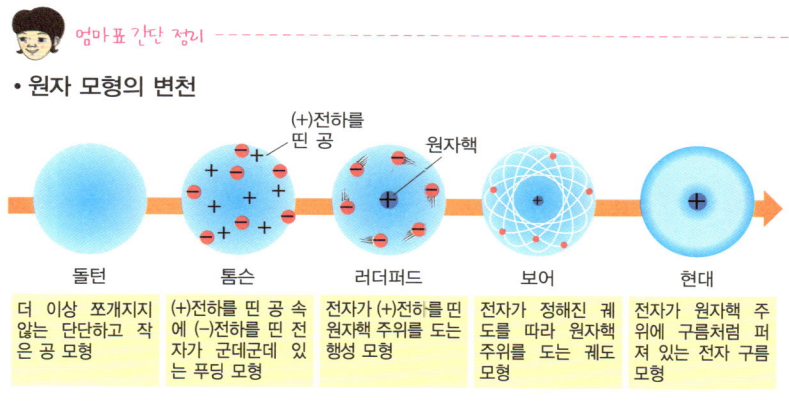

 **read** 작을수록 맵다, 핵분열

핵분열을 이해하려면 핵이 어떤 모양을 하고 있는지를 알아야 해. 핵 안에는 양성자와 중성자가 있고, 중성자는 양성자들을 붙잡아 두는 역할을 해. 사실 우리는 여기까지만 알아도 충분하지만, 조금만 더 욕심을 내 보자고~.

앞에서 같은 극끼리 마주 보고 있는 자석 사이에 쇠구슬을 끼워 넣어 한 덩어리를 이루는 모습을 봤어. 이 경우는 자석을 쇠구슬에 접근시키면 쇠구슬이 자성을 띠게 되면서 서로 붙는 거야. 하지만 핵의 경우는 달라. +전하를 가진 양성자 옆에 중성자가 있다고 해서 중성자가 −전하를 띠게 되는 게 아니거든. 그러면 어떤 원리로 양성자와 중성자가 붙어 있는 것일까? 여기서 짠~ 하고 등장하는 게 핵력(nuclear force)이야.

핵력은 원자핵을 구성하는 핵자(양성자와 중성자의 총칭)들 사이에 작용하는 힘이야. 전자기력이나 중력과는 상관없는 힘이지. 참고로 자연계의 근본적인 힘으로 4가지를 꼽는데 바로 중력, 전기력, 자력, 핵력이야. 핵력은 핵자들이 핵 안에 들어 있는 아주 작은 소립자인 중간자(中間子, meson)를 주고받는 과정에서 생겨나.

핵력은 매우 강한 인력이기 때문에 영어로 'strong force'라고 불리기도 해. 하지만 안타깝게도 핵력은 아주 가까운 거리에서만 작용해. 핵력이 작용하는 한계 범위는 $1 \sim 2fm$(1펨토미터=$10^{-15}m$) 정도야. 따라서 핵자들이 아주 가까이에 접해 있을 땐 핵력이 작용하지만 핵자 간 거리가 멀어지면 핵력이 작용하지 못해.

그에 비해 전자기력은 핵력이 미치지 못하는 먼 거리에서도 작용해. 무슨 뜻인고

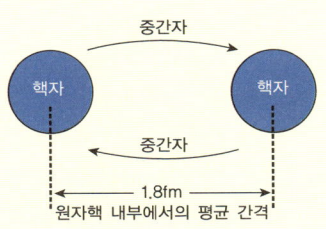

핵자들이 중간자를 빠르게 주고받는 과정에서 서로가 강하게 잡아당긴다.

하니, 원자 번호가 증가하면서 핵의 크기가 커지면 핵의 양쪽 끝에 있는 양성자들 간에 잡아당기는 힘, 즉 핵력은 크게 줄어들게 돼. 하지만 양성자들끼리 서로 밀어내는 전자기력, 즉 척력은 여전히 강하지. 입자들 간에 밀어내는 힘은 변함없는데 끌어당기는 힘이 줄어든다면 당연히 불안정한 상태가 되겠지.

이때 중성자가 필요한 거야. 중성자는 전기력, 즉 밀어내는 힘이 없는 대신 잡아당기는 핵력만 있기 때문에 양성자끼리의 밀어내는 힘에 맞서 버텨내는 역할을 하지. 그래서 무거운 입자일수록 중성자가 많아지는 거야.

자연계에 존재하는 대부분의 물질은 핵력이 전기력보다 크게 작용하기 때문에 안정한 상태야. 하지만 양성자 수가 중성자 수에 비해 지나치게 많은 원소들이 일부 있어. 이들은 핵이 불안정한 상태이기 때문에 자연적으로 붕괴되려고 하지. 이러한 물질을 방사능물질이라고 해. 대표적인 원소가 우라늄이야. 우라늄 원소는 핵력과 전기력의 차이가 거의 없기 때문에 매우 불안정한 상태지.

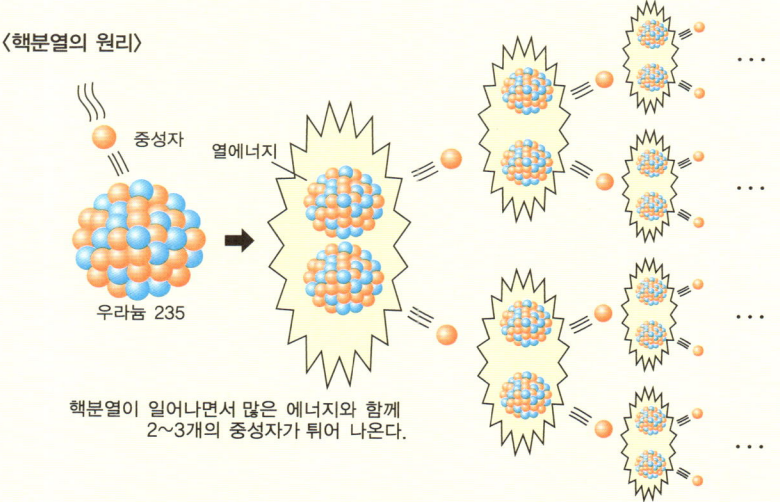

〈핵분열의 원리〉

중성자
열에너지
우라늄 235

핵분열이 일어나면서 많은 에너지와 함께 2~3개의 중성자가 튀어 나온다.

튀어 나온 중성자들이 다른 우라늄핵들과 부딪치는 연쇄 반응이 거듭되면서 순식간에 엄청난 에너지가 방출된다.

이러한 우라늄을 가지고 실험을 통해 핵분열 현상을 발견한 사람은 독일 과학자 오토 한(Otto Hahn, 1879~1968)이야. 그는 원자 번호는 92인 우라늄의 원자핵에 중성자를 쏘면 우라늄보다 훨씬 가벼운 원자 번호 56인 바륨이 생성된다는 걸 발견했어. 양성자와 중성자 수백 개가 어우러진 거대한 핵 덩어리가 작은 중성자 입자 하나로 인해 펑 하며 갈라진 거지. 이게 바로 핵분열이야.

아슬아슬하게 겨우 평형을 유지하고 있던 우라늄 235에 중성자를 쏘면 1차 분열이 일어나게 돼. 그로 인해 엄청난 에너지와 함께 방출된 2~3개의 중성자가 주변의 우라늄 핵들에 부딪치면서 2차, 3차 분열이 일어나고, 그로 인해 더 큰 에너지와 함께 많은 숫자의 중성자들이 쏟아지면서 4차, 5차, 6차, 7차… 이런 식으로 순식간에 셀 수 없이 많은 연쇄 반응들이 일어나면서 상상도 못할 무시무시한 에너지를 방출하는 거야. 이게 바로 원자력 발전과 원자 폭탄의 원리야.

그러면 원자 폭탄과 우리가 유용하게 사용하는 원자력 발전은 뭐가 다른 걸까? 바로 반응 속도와 우라늄 농도의 차이야. 원자 폭탄의 경우 순도 100퍼센트에 가까운 우라늄을 사용해 0.000001초 이내에 핵반응을 한번에 일으켜서 엄청난 에너지를 얻지만, 원전의 경우 18개월 정도의 긴 시간 동안 순도 2~5%의 저농축 우라늄으로 꾸준히 핵분열을 일으켜 지속적으로 에너지를 얻는 거야.

정말 놀라운 것은, 이 모든 핵분열의 시작이 10^{24}개가 모여야 1.6g 정도 되는 작은 중성자 한 개라는 거야.

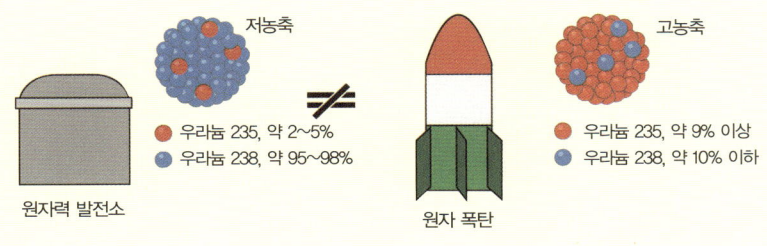

check 문제 풀며 확인하기

1. 보일은 J자 모양의 유리관 장치를 통해 한쪽 입구를 통해 수은을 많이 넣으면 반대편의 빈 공간이 줄어든다는 것을 알아냈다. 이 실험을 통해 알 수 있는 사실은?

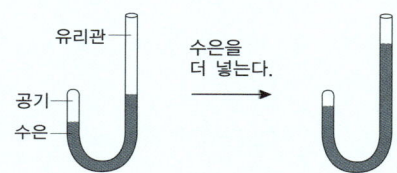

① 공기는 압력을 가하면 부피와 무게가 줄어든다.
② 공기는 작은 크기의 입자와 빈 공간으로 이루어져 있다.
③ 밀폐된 공간에 있는 물질은 압력을 가하면 없어질 수 있다.
④ 밀폐된 공간에 있는 공기 입자의 크기는 압력을 가하면 작아진다.

2. 다음 중 원소에 대한 설명으로 옳은 것은 O표, 틀린 것은 ×표 하시오.
① 원소의 종류의 개수는 물질의 종류의 수보다 많다. (   )
② 같은 원소는 모두 같은 성질을 가지고 있다. (   )
③ 물질의 성질은 변할 수 있어도 원소의 성질은 변하지 않는다. (   )
④ 현재의 원소 기호는 원소의 모습에서 따왔다. (   )

3. 다음 그림은 시대별 원자 모형을 나타낸 것이다. 그림을 보고 물음에 답하시오.

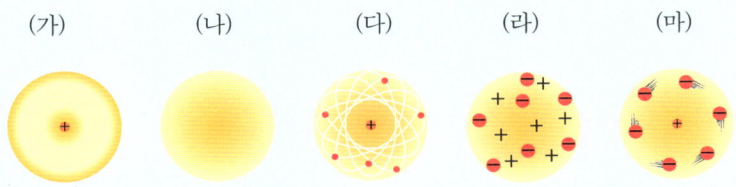

① 위의 원자 모형을 시대 순으로 나열하여라.
② 톰슨의 음극선 실험을 통해 제시된 모형은 어느 것인가? 음극선 실험을 통해 발견한 것은 무엇인가?
③ 원자의 대부분은 빈 공간이고 가운데에 원자핵이 있다는 것을 처음으로 제시한 모형은 무엇인가? 이 모형을 주장한 과학자는 누구인가?
④ 원자는 양전하와 음전하가 균형을 이루는 입자라는 걸 제시하지 못하는 모형은 어느 것인가?
⑤ 전자는 자신이 갖고 있는 에너지에 맞는 궤도만을 돌고 있다는 '전자껍질' 이론에 해당하는 모형은 무엇인가? 이러한 전자껍질론을 처음으로 제시한 과학자는 누구인가?

4. 앞에서 본 원자 모형 그림 중 (가)에 대한 설명으로 틀린 것을 고르시오.
① 가장 최근에 쓰이고 있는 원자 모형이다.
② 전자의 정확한 위치를 알 수 없기 때문에 존재 확률을 점으로 나타내고 있다.
③ 아주 작은 크기의 전자가 정지된 상태로 원자핵 주위를 뿌옇게 뒤덮고 있다.
④ 원자 부피의 대부분은 전자구름의 부피이다.

6장

Chemistry

이온, 이온, 이온

'이온' 하면 신비로운 느낌이 든다는 사람들이 많아. 물건이나 음료 등에 이온이라는 단어가 들어가면 뭔가 과학적이면서도 몸에 좋을 것 같다는 느낌이 든다나. 하지만 그 사람들에게 이온이 무엇인지 물어보면 고개를 갸웃하는 경우가 많더라고.

이 장에서는 바로 이 이온에 대해 알아볼 거야.

이온은 원자가 전자를 얻거나 잃으면서 전하를 띠게 된 입자야. 양전하를 띠면 양이온, 음전하를 띠면 음이온이라고 하지.

원자로 태어났으면 원자 상태로 그대로 있지, 왜 굳이 이온이 되겠다고 애를 쓰는 걸까? 동일한 물질이 원자 상태일 때와 이온 상태일 때 그 성질은 어떻게 다를까? … 이런 질문들에 대한 답을 찾아가면서 이온을 표기하는 방식, 전하량을 계산하는 방법도 함께 살펴보자고~.

원자 구조를 살펴보면서 그 원자가 양이온이 될지, 음이온이 될지 생각하다 보면 이온은 원자가 특별해진 상태가 아니라 보다 안정한 상태가 되기 위해 화학적으로 변화한 상태라는 걸 알게 될 거야.

1 원자 속까지 들어가 봐요

우리에게 아주 익숙하지만 실상은 잘 모르는 이온. 지금부터는 이 이온에 대해 알아보자고. 단, 이온을 이야기하려면 먼저 원자에 대해 정확히 알아야 해. 앞에서 배웠던 내용을 복습도 할 겸 차근차근 살펴보자고~.

원자는 '원자핵'과 원자핵 주위를 돌고 있는 '전자'로 이루어져 있어. 원자핵은 +전하를, 전자는 -전하를 띠고 있지. 원자핵은 다시 +전하를 띠는 양성자와 전하를 띠지 않는 중성자로 이루어져 있어. 중성자는 +전하를 띠고 있는 양성자들이 서로 반발하지 않고 단단하게 뭉쳐 있게끔 하는 중요한 역할을 한단다.

- 원자 ─ 원자핵(+전하) ─ 양성자(+전하)
  └ 중성자(전하 없음)
  └ 전자(−전하)

내친김에 전하량도 한번 따져 보자. 원자에서는 양성자와 전자의 수가 같을 뿐 아니라 양성자 1개가 갖고 있는 +전하량과 전자 1개가 갖고 있는 −전하량이 같기 때문에 전기적으로 중성이야. 예를 들어 설명하면 나트륨(Na)의 원자 번호는 11이니까 양성자와 전자 수는 각각 11개야. 전체 전하량은 (+11)+(-11)=0이 되지. 따라서 나트륨 원자는 전기적으로 중성!

질량은 어떨까? 양성자 1개와 전자 1개의 전하량은 비슷하지만 질량은 엄청나게 차이가 나. 전자의 질량은 양성자 질량의 수천분의 1밖에 안 돼. 그에 비해 중성자의 질량은 양성자의 질량과 비슷해. 따라서 원자의 질량은 전자의 질량을 무시한, 중성자와 양성자가 모여 있는 원자핵의 질량이라고 봐도 돼.

작고 가벼운 전자는 원자핵 주변을 매우 빠르게 움직이고 있기 때문에 그 위치를 정확하게 알 수 없어. 그래서 현대의 원자 모형은 전자가 나타날 가능성이 있는 장소를 표시한 전자구름 형태야. 원자의 부피는 바로 이 전자구름의 부피지.

원자핵과 원자의 크기를 비교할 때 흔히 야구장 위의 구슬을 얘기하곤 해. 원자핵의 지름은 원소마다 다르지만 대략 원자 지름 1만분의 1에서 10만분의 1 정도야. 원자를 가로, 세로 각 $100m$인 야구장이라고 가정한다면 원자핵은 야구장 한가운데에 놓여 있는 아주 작은 구슬인 셈이지. 그 구슬 한 알에 야구장 전체의 무게가 담겨 있다고 상상해 보렴. 참 놀랍지 않니?

여기서 이런 의문이 떠오를 수 있어. '원자핵이 전자보다 훨씬 무겁다면, 원자의 +전하량도 전자가 갖고 있는 -전하량보다 훨씬 강하지 않을까?'

그런데 질량과 전하량은 서로 관계가 없어. 비유를 하나 들자면,

AA 건전지랑 나무 책상이랑 어떤 게 더 전하량이 클까? 질량이 아무리 커도 전하량이 없는 물건이 있는가 하면 질량은 작지만 전하량이 큰 물건도 있어. 좀 더 명확히 구분하자면, 질량은 만유인력과 관계있는 힘이고 전하량은 전기력과 관계있는 힘이야.

양성자 수는 원자마다 달라. 과학자들은 원자들을 쉽게 구분하기 위해 원자에 번호를 붙이기로 했는데, 그 기준을 각 원자가 갖고 있는 양성자 개수로 정했어. 그래서 양성자 수가 곧 원자 번호가 됐지. 원자 번호는 원소의 기본적인 특성이야. 원소의 화학적 성질을 결정하는 데 절대적인 영향을 끼치지. 참고로 원자 번호는 보통 Z로 표시해.

따라서 원자 번호와 양성자 수, 전자 수 사이에는 '**원자 번호(Z)=양성자 수=중성 원자일 때의 전자 수**'가 성립해. 예를 들어 수소(H) 원자는 1개의 양성자를 갖고 있으므로 원자 번호는 1 → 양성자와 전자 수가 같으니까 수소의 전자 개수도 1이야. 또 헬륨(He)은 2개의 양성

〈플루오린(F)의 원자 구조 및 표기 방법〉

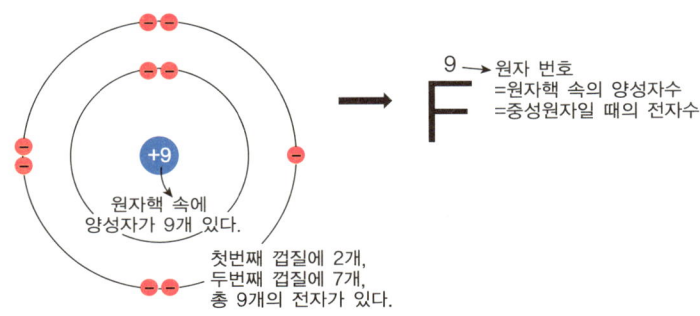

자를 갖고 있으므로 원자 번호는 2 → 헬륨의 전자 개수도 2이지.

요약하면 원자 번호가 x인 원자에는 전하량이 $+x$인 원자핵이 있어. 원자핵의 주위를 돌고 있는 전자의 개수는 x이므로 전자들의 전하량의 총합은 $-x$야.

원자의 총 전하량은 (원자핵이 가지고 있는 + 전하량) + (전자들이 가지고 있는 - 전하량)이야. $+x$와 $-x$를 더하면 0. 따라서 원자 번호가 x인 원자의 총 전하량은 0이 되지.

 엄마표 간단 정리
- 중성인 원자의 경우 +전하를 가진 양성자의 개수와 −전하를 가진 전자의 개수가 같다.
- 중성인 원자의 총 전하량: (원자핵이 띠고 있는 +전하량)+(전자들의 −전하량)=0

2 이온은 원자에서 만들어져요

원자는 전기적으로 중성인 입자야. 양성자 전체의 전하량이 $+\alpha$이면 전자 전체의 전하량은 $-\alpha$. 두 개를 더하면 0. 따라서 전체적으로 중성이 되는 거야. 여기까진 확실히 알았지?

그러면 이온은 무엇일까? 이온=이온 음료? 그건 당연히 아니겠지~. 이온이란 양전하의 값과 음전하의 값을 더했더니 0이 되지 않고 + 또는 − 값을 갖는 입자야.

어떻게 그럴 수 있냐고? 입자가 지닌 양성자 수와 전자 수가 다르면 그럴 수 있어. 입자 내 양성자가 13개인데 전자는 10개밖에 없거나 양성자가 17개 있는데 전자는 18개가 있는 경우 등등. 이러한 경우가 생기는 이유는, 중성인 원자가 전자를 잃거나 얻었기 때문이야.

- 원자 상태에서 전자를 잃으면 → 양성자의 수가 상대적으로 많아진다. → +전하가 상대적으로 강해진다. 따라서 양(+)이온.
- 원자 상태에서 전자를 얻으면 → 전자의 수가 상대적으로 많아진다. → −전하가 상대적으로 강해진다. 따라서 음(−)이온.

원자가 전자를 잃고 양이온이 되는 경우에 대해 리튬(Li)을 예로 들면 다음과 같아. 참고로 리튬의 원자 번호는 3이야. 따라서 양성자도

3개, 전자도 3개.

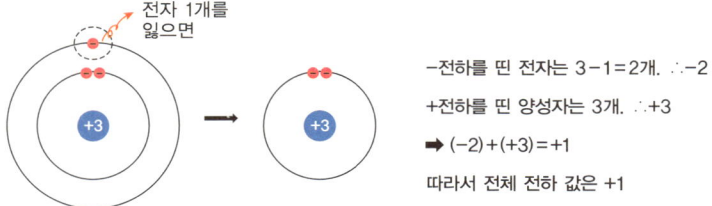

원자가 전자를 얻고 음이온이 되는 경우는 플루오린(F)을 예로 들어 보여 줄게. 플루오린의 원자 번호는 9야. 따라서 양성자도 9개, 전자도 9개.

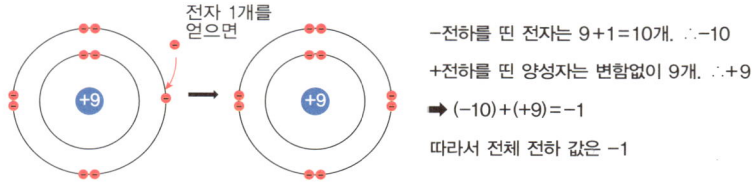

전자 대신에 양성자를 잃거나 얻어도 이온이 될까?

이론상으로는 원자가 전자 대신에 양성자를 잃거나 얻어도 이온이 되지만 실제로는 거의 불가능해. 원자핵 속의 양성자들은 중성자와 함께 덩어리로 뭉쳐 있기 때문에 낱개로 떨어져 나가기가 힘들어. 게다가 양성자의 무게는 전자보다 훨씬 무겁잖아. 단단하게 덩어리진 채로 원자 한가운데 떡하니 버티고 있는 무거운 양성자보다는, 바깥쪽에서 빙빙 돌고 있는 가벼운 전자들이 훨씬 이동하기 쉽지. 그래서 이온 형성 과정에선 항상 전자들이 왔다 갔다 하게 돼.

여기서 잠깐! 전하량에 따라 이온을 부르는 방식을 알려 줄게. 아주 쉬워. 이온이 띠고 있는 전하량에 따라 '~가(價) 이온'이라고 부르면 돼. 전하량이 -1이면 '-1가 이온', -2면 '-2가 이온'이라 부르고, +1이면 '+1가 이온', +2면 '+2가 이온'…이라고 불러. 어때, 간단하지?

이렇듯 원자가 전자를 잃거나 얻어서 전체적으로 +전하 또는 -전하를 띠게 된 입자를 이온이라고 해. 원자가 전자를 잃고 +전하를 띠면 양이온, 전자를 얻고 -전하를 띠면 음이온.

원자가 전자를 잃거나 얻어서 이온이 되어도 전자 수만 바뀔 뿐이지 양성자 수, 중성자 수는 변함없어. 또 원자 전체에서 전자가 차지하는 질량이 아주 작기 때문에 원자일 때와 이온이 되고 난 후의 질량 차이도 거의 없어. 하지만 이온이 되면 원자일 때의 부피와 차이가 나. 양이온이 되면 바깥의 껍질을 형성하는 전자의 개수가 줄어드니까 원자였을 때보다 크기가 작아지고, 음이온이 되면 전자의 개수가 늘어나니까 원자였을 때보다 크기가 커져.

엄마표 간단 정리

- **이온**: 원자가 전자를 잃거나 얻어서 전체적으로 +전하 또는 -전하를 띠게 된 입자. 양전하를 띤 이온은 양이온, 음전하를 띤 이온은 음이온이라 한다.
- 원자가 이온이 될 때는 전자 수만 바뀔 뿐 양성자 수와 중성자 수는 동일하다.

3
이온? +, −와 숫자만 있으면 돼요

 현재 우리가 쓰고 있는 원자 기호가 매우 간단해 보여도 지금의 단계까지 오는 데 오랜 세월과 여러 단계를 거쳤다는 것, 알고 있지? 그 덕에 이온에 대해서는 보다 쉽고 빠르게 표기 방법을 정할 수 있었어. 그 방법은 중성 원자의 원소 기호를 쓰고, 원소 기호의 오른쪽 위에 전하량을 표시하는 거야. 다시 말해 원소 기호의 오른쪽 위에 그 원자가 잃거나 얻은 전자의 개수를 쓰고 그 뒤에 양이온이면 +, 음이온이면 −를 붙이면 돼.

 양이온의 경우, 원소 기호 오른쪽 위에 1+, 2+, 3+, …를 붙이면 돼. 예를 들면 Na^+, Ca^{2+}, Al^{3+} 등과 같이 표기하지. +가 붙으면 1가 양이온, 2+는 2가 양이온, 3+는 3가 양이온을 뜻해.

 음이온의 경우도 마찬가지야. 원소 기호의 오른쪽 위에 1−, 2−, 3−, …를 붙이면 돼. 예를 들면 F^-, O^{2-}, N^{3-} 등과 같이 표기해. −는 1가

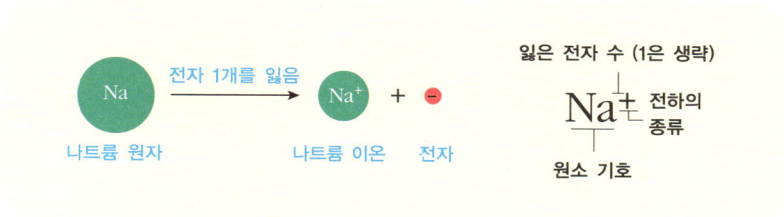

음이온, 2-는 2가 음이온, 3-는 3가 음이온을 뜻해. 마찬가지로 1은 보통 생략해.

이온을 쓰는 법을 알았으니까 이제 이온을 부르는 방법도 배워야겠지? 이온을 부르는 방법은 간단한 듯하면서도 살짝 헷갈리는 부분이 있어. 양이온과 음이온, 그리고 다원자이온인 경우마다 부르는 방법이 조금씩 다르거든. 이온을 부르는 방법을 간단히 정리하면 다음과 같아.

① 양이온의 이름은 원소 이름 뒤에 '~이온'을 붙여.
예) Na(나트륨)→Na^+(나트륨 이온), Mg(마그네슘)→Mg^{2+}(마그네슘 이온)

② 음이온의 이름: 원소 이름 뒤에 '~화 이온'을 붙인다. 단, 원소 이름이 '소'로 끝나는 경우에는 '소'를 떼고 '~화 이온'을 붙인다.
예) I(아이오딘)→I^-(아이오딘화 이온), Cl(염소)→Cl^-(염화 이온)

③ 두 개 이상의 원자가 결합되어 생긴 다원자이온의 경우, 양이온이냐, 음이온이냐에 상관없이 이름 뒤에 '~이온'을 붙인다.
예) NH_4^+(암모늄 이온), SO_4^{2-}(황산 이온)

그러면 다음 표에 나오는 이온들의 이름을 보면서 방금 이야기했던 내용과 비교해 보자고~.

	전자 1개를 잃음	전자 2개를 잃음	전자 3개를 잃음
양이온	수소 이온 H^+ 나트륨이온 Na^+ 칼륨 이온 K^+ 암모늄 이온 NH_4^+	마그네슘 이온 Mg^{2+} 칼슘 이온 Ca^{2+} 구리 이온 Cu^{2+} 바륨 이온 Ba^{2+}	알루미늄 이온 Al^{3+}
	전자 1개를 얻음	전자 2개를 얻음	전자 3개를 얻음
음이온	플루오르화 이온 F^- 염화 이온 Cl^- 수산화 이온 OH^-	산화 이온 O^{2-} 황화 이온 S^{2-} 황산 이온 SO_4^{2-}	인산 이온 PO_4^{3-}

자, 이번에는 원자가 이온이 되는 과정을 식으로 나타내 보자고. '식'이라고 해서 지레 겁먹을 거 없어. 전체 과정을 머릿속으로 그려 보면서 각 과정에 들어가는 이온 기호들만 집어넣으면 돼.

다음 그림은 나트륨(Na) 원자가 전자를 잃고 양이온이 되는 과정이야. 이걸 식으로 나타내 볼게.

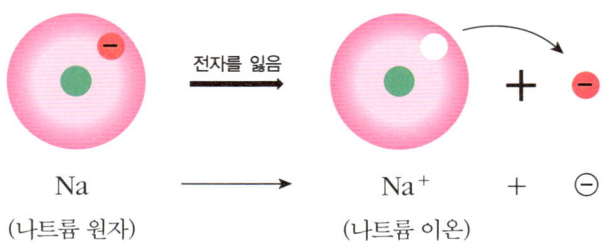

염소(Cl) 원자가 전자를 얻어서 음이온이 되는 과정도 식으로 나타내 볼게.

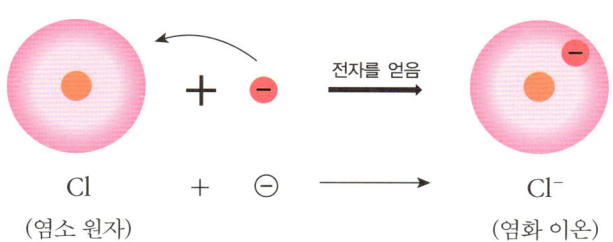

Cl + ⊖ ⟶ Cl⁻
(염소 원자)　　　　　　　　(염화 이온)

 엄마표 간단 정리

- **이온 표기 방법**: 중성 원자의 원소 기호를 쓰고 오른쪽 위에 잃거나 얻은 전자의 개수 및 전하의 종류를 쓴다.

예)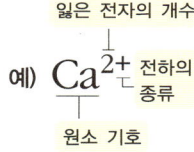
Ca^{2+} — 잃은 전자의 개수, 전하의 종류, 원소 기호

4
왜 원자는 이온이 되려고 하나요?

 원자는 왜 이온이 되려는 걸까? 얼핏 들으면 철학적인 질문 같지만 사실은 아주 과학적인 질문이야. 정답은 '보다 안정된 상태가 되기 위해서'지. 앞에서 배운 보어의 전자껍질을 떠올려 볼까? 지금쯤이면 외울 정도가 됐겠지만 한 번 더 보자고~.

① 원자는 원자핵 주위로 전자껍질이 단계별로 쌓여 있는 구조다.
② 가장 안쪽 껍질이 에너지가 낮고 바깥쪽으로 갈수록 에너지가 높아진다.
③ 전자는 에너지가 낮은 안쪽 껍질부터 차곡차곡 들어간다.
④ 각 전자껍질에 순서대로 들어가는 전자의 개수는 정해져 있다. 첫 번째 껍질부터 세 번째 껍질까지 순서대로 2-8-8이다. 남는 건 네 번째 껍질로~.
⑤ 갖고 있는 모든 껍질마다 전자가 꽉 찼을 때 원자는 가장 안정한 상태가 된다.

 이 중에서 바로 ⑤번 내용에 이온이 형성되는 원리가 들어 있어. "원자의 모든 껍질에 전자가 꽉 찼을 때 원자는 가장 안정한 상태가 된다." 이 말이 무슨 뜻이냐면, 원자가 전자껍질을 한 개만 갖고 있는 경우 2-8-8 원칙에 따라 전자가 2개 있으면 안정된 상태가 되고, 껍질이 두 개인 경우에는 첫 번째 껍질에 2개, 두 번째 껍질에 8개, 즉 10개의 전자가 있을 때 안정된 상태가 된다는 거야. 이걸 옥텟규칙이라고 해. 우리말로 풀면 '여덟전자규칙'이야. 원자는 가장 바깥쪽 전자껍질에 전자 8개를 가질 때 가장 안정된 상태를 이루게 돼. 단, 수소(H)와 헬륨(He)은 껍질이 하나밖에 없어서 전자 2개만으로도 꽉 채워지지.

아래 전자 배치도에서 전자를 7개 갖고 있는 질소(N)를 보자. 질소 원자가 갖고 있는 껍질은 2개이고, 첫 번째 껍질에 전자 2개, 두 번째 껍질에 전자 5개가 있어. 첫 번째 껍질은 꽉 찼지만 두 번째 껍질은 세 자리가 비어 있지.

〈전자 배치도〉

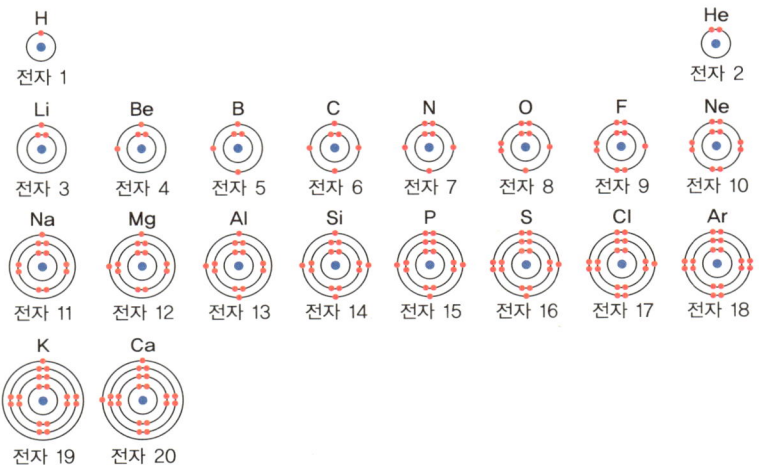

'갖고 있는 모든 껍질에 전자가 꼭 찬' 원자는 어떤 것들이 있을까? 전자 배치도에서 가장 오른쪽에 있는 헬륨(He), 네온(Ne), 아르곤(Ar)을 한번 보렴. 헬륨 원자는 첫 번째 껍질이 전자 2개로 꼭 찼고, 더 이상의 전자가 없기 때문에 더 이상의 전자껍질도 없어. 네온 원자는 첫 번째와 두 번째 껍질이 꼭 차 있고 아르곤은 첫 번째, 두 번째, 세 번째 껍질이 모두 꼭 차 있어.

- He〔원자 번호 2〕: $n = 1$인 전자껍질이 2개의 전자로 꼭 차 있다.
- Ne〔원자 번호 10〕: $n = 1$, $n = 2$인 전자껍질이 각각 2개, 8개의 전자로 꼭 차 있다.
- Ar〔원자 번호 18〕: $n = 1$, $n = 2$, $n = 3$인 전자껍질이 각각 2개, 8개, 8개의 전자로 꼭 차 있다.

이처럼 갖고 있는 껍질마다 전자들이 꼭 차 있는 원소들을 '비활성 기체'라고 해. 다른 원소들과 화학적으로 반응하거나 결합하지 않아서 '비활성(非活性)'이라는 이름이 붙었지.

갖고 있는 껍질마다 전자가 꼭 들어찬 비활성 기체는 아쉬운 전자도 없고 남는 전자도 없기 때문에 주위의 다른 원자들과 섞어 놔도 본척만척해. 함께 어우러져 화합물을 만들 생각 따위는 하질 않지. 심지어 같은 원자들끼리 모아 놓아도 아는 척도 안 하고 개개의 원자가 나 홀로 둥둥 떠다니지. 그래서 기체 상태인 거야.

그러면 비활성 기체가 아닌 원소들, 즉 갖고 있는 껍질을 모두 채우지 못한 원자들은 어떨까?

여기에 마그네슘(Mg) 원자가 있어. 마그네슘의 원자 번호는 12야. 첫 번째 껍질에 2개, 두 번째 껍질에 8개, 세 번째 껍질에 2개의 전자를 갖고 있지. 즉 2 – 8 – 2의 전자 구조야.

마그네슘 원자가 모든 전자껍질을 꽉 채울 수 있는 방법은 두 가지가 있어. 첫 번째는 전자 2개를 버려서 10개가 되는 방법이고, 두 번째는 전자 6개를 얻어서 18개가 되는 방법이야.

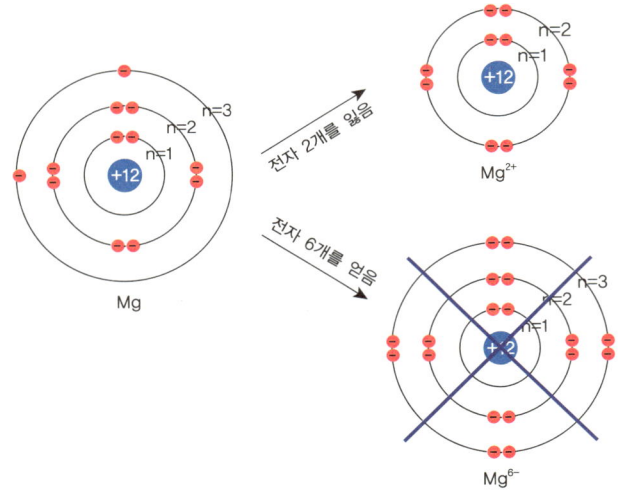

전자 2개를 버리는 것과 전자 6개를 가져오는 것, 둘 중 어떤 게 더 쉬울까?

당연히 적은 수의 전자를 움직이는 게 편하니까 2개를 버리려고 할 거야. 따라서 마그네슘 원자는 전자 2개를 잃고 마그네슘 양이온(Mg^{2+})이 되는 거야.

이처럼 비활성 기체가 아닌 원소들은 꽉 찬 전자껍질만을 갖기 위해서 전자를 버리거나 얻게 돼. 전자를 버리면 양이온이 되고, 전자를 얻어 오면 음이온이 되지.

 엄마표 간단 정리

- 원자는 갖고 있는 모든 전자껍질마다 꽉 찬 전자 구조를 갖기 위해 전자를 버리거나 받아들여서 이온이 된다.
- 원자가 이온이 되기 위해 전자가 이동할 때 되도록 적은 개수의 전자가 이동하는 방법을 택한다.
- 비활성 기체는 모든 전자껍질이 꽉 찬 상태이기 때문에 다른 원자와 반응하지 않고 독자적으로 활동한다.

5
양이온이 될지 음이온이 될지, 척 보면 알아요

원자는 자신의 전자껍질을 모두 채우기 위해 갖고 있는 전자를 버리거나 다른 원자로부터 얻어 오지. 그렇다면 원자가 전자를 버리는 경우, 갖고 있는 전자들 중에서 어떤 전자를 버릴까? 또 원자가 전자를 얻어 오는 경우, 새로 들어온 전자는 어느 자리로 들어갈까?

원자가 전자를 버릴 때는 가장 바깥껍질의 전자, 즉 최외각전자부터 차근차근 잃게 돼. 그 이유는 두 가지야. 첫째, 원자는 +전하를 띤 원자핵이 -전하를 띤 전자를 잡아당기는 구조야. 전자가 원자핵에서 멀리 떨어져 있을수록 잡아당기는 힘이 약할 것이고, 따라서 가까이 있는 전자보다는 멀리 있는 전자를 떼어 내는 게 쉬울 거야.

둘째, 가장 바깥쪽을 제외한 안쪽의 전자껍질들은 이미 전자가 꽉 들어찬 상태야. 안정한 상태인 거지. 따라서 굳이 꽉 찬 껍질 속의 전자를 꺼내는 것보다는 미처 채우지 못한, 다시 말해 불안정한 상태

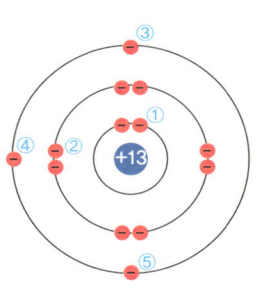

알루미늄(Al) 원자에서 전자를 떼어 낼 경우 ③, ④, ⑤를 떼어 내는 게 쉽다. ①, ②는 핵에 보다 가까울 뿐 아니라 이미 안정화된 껍질 안에 들어 있기 때문이다.

6장 이온, 이온, 이온 213

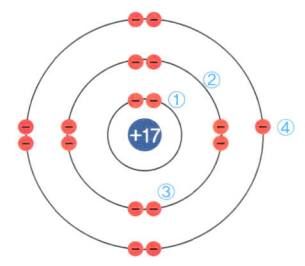

염소(Cl) 원자에 전자를 추가할 경우에 전자는 ④의 자리에 들어간다. ①, ②, ③은 이미 꽉 차 있기 때문이다.

의 껍질에 들어 있는 전자를 떼어 내는 게 쉬울 거야.

전자를 얻을 때도 마찬가지야. 새로 얻은 전자는 가장 바깥쪽에 있는 전자껍질에 들어가게 돼. 이미 안정한 상태인 안쪽 껍질로 파고들기보다는 바깥쪽 껍질에 비어 있는 자리로 살포시 들어가는 게 훨씬 쉬우니까.

원자가 양이온이 될까, 음이온이 될까? 이건 전자를 버리는 게 쉬울까, 전자를 얻는 게 쉬울까 하는 문제와 관련이 있어. 양이온이 되거나 음이온이 되기 쉬운 정도를 비교하려면 움직여야 하는 전자의 개수를 보면 돼.

그러면 다음의 전자 배치도를 한번 보자고~. Li, Be, Na, Mg처럼 최외각전자 수가 1, 2개일 때는 전자를 7개 또는 6개 얻어서 8개를 채우기보다는 최외각전자 한두 개를 버리는 게 쉬울 거야. 양이온이 되려고 하는 거지. 반대로 최외각전자 수가 6, 7개인 O, F, S, Cl는 어떨까? 얘네들은 최외각전자가 6개 또는 7개야. 전자 1, 2개만 가져오면 8개를 채울 수 있어. 따라서 전자를 외부에서 받아 오려고 할 거야. 즉 음이온이 되려고 할 거야.

이처럼 최외각전자 수를 보면 원자가 이온이 될 때 전하량이 어떻게 될지, 즉 +1의 전하를 띤 양이온이 될지, −2의 전하를 띤 음이온

⟨전자 배치도⟩

족\주기	1	2	3~12	13	14	15	16	17	18
1	H 전자 1								He 전자 2
2	Li 전자 3	Be 전자 4		B 전자 5	C 전자 6	N 전자 7	O 전자 8	F 전자 9	Ne 전자 10
3	Na 전자 11	Mg 전자 12		Al 전자 13	Si 전자 14	P 전자 15	S 전자 16	Cl 전자 17	Ar 전자 18
4	K 전자 19	Ca 전자 20							
원자가전자수	1개	2개		3개	4개	5개	6개	7개	없음

이 될지 쉽게 알 수 있어. Li, Na, K을 보면 최외각전자가 1개씩이야. Li은 두 번째 껍질에 1개, Na은 세 번째 껍질에 전자 1개가 있어. K은 네 번째 껍질에 1개가 있지. 따라서 Li, Na, K은 전자 한 개를 떼어 내고 이온이 될 테니까 1가 양이온이 돼.

왼쪽에서 두 번째 열에 있는 Be과 Mg, Ca은 어떨까? 이들 모두 최외각전자가 2개씩이고, 따라서 각자 전자 2개씩을 버리고 2가 양이온이 될 거야.

이제 반대편으로 가 보자고~. 전자 배치도에서 가장 오른쪽 열의 He, Ne, Ar은 갖고 있는 껍질마다 전자가 꽉 찬 비활성 기체야. 그래서 전자를 주지도 받지도 않아. 즉 이온이 될 생각을 안 해.

비활성 기체에서 왼쪽으로 한 칸 앞에 있는 F과 Cl는 어떨까? 최외각전자가 7개야. 바깥쪽 전자껍질에 빈자리가 하나씩 있기 때문에 두 원소 모두 다른 곳에서 전자 하나씩을 얻어 오려고 해. 따라서 1가 음이온이 되지. 한 칸 더 왼쪽으로 가서, O와 S은? 최외각전자가 6개인 원소들이야. 빈자리가 2개니까 전자 2개씩을 얻으려고 해. 2가 음이온이 되려는 거지.

 엄마표 간단 정리

• 어떤 원소가 음이온이 될지, 양이온이 될지 알아보는 방법은 다음과 같다.
첫째, 가장 바깥쪽 껍질에 있는 전자의 개수, 즉 최외각전자 수를 세어 본다.
둘째, 꽉 찬 전자껍질을 갖기 위해서 전자를 버리는 것과 얻는 것 중에 어떤 것이 편리할지 따져 본다.
셋째, 전자를 버리면 양이온, 전자를 얻으면 음이온이 된다. 전하량은 버리거나 얻어 오는 전자 수에 의해 결정된다.

주기율표가 원소들의 성격을 말해 줘요

　달력을 펼쳐 놓고 각 요일을 헤아리다 보면 누구나 비슷한 생각을 하게 될 거야.

　월요일은 새로운 기분으로 시작하는 날, …, 수요일은 몸도 피곤하고 시간도 엄청 느리게 가는 날, …, 금요일은 주말 계획을 짜면서 기분이 좋아지는 날, …, 일요일은 늘어지게 늦잠 자는 날 등. 날짜는 달라도 요일이 같으면 종종 비슷한 느낌을 받게 되지.

　원소도 마찬가지야.

　앞에서도 얘기했을 거야. 원자가 자신의 전자를 다른 원자에게 주거나 다른 원자로부터 전자를 얻는 건 화학적으로 반응한다는 뜻이야. 그게 중요한 얘기냐고? 엄청나게 중요하지. 그건 바로 원소의 화학적 성질이 최외각전자 수에 좌우된다는 뜻이니까.

　다음의 전자 배치 모형에서 노란색으로 표시된 부분, 즉 리튬(Li), 베릴륨(Be), 나트륨(Na), 마그네슘(Mg), 알루미늄(Al)은 자신이 갖고 있는 최외각전자를 떼어 내는 걸 좋아해. 자신이 가진 전자를 떼어 내서 다른 원자에게 준다는 것, 그게 바로 금속의 중요한 성질 중 하나야. 따라서 노란색으로 표시된 원소는 모두 금속 원소야.

　전자 배치 모형에서 오른쪽에 자리한 원소들은 최외각전자가 모자

〈원자 번호 1~20번까지 원소들의 전자 배치 모형〉

족\주기	1	2	3~12	13	14	15	16	17	18
1	H 수소								He 헬륨
2	Li 리튬	Be 베릴륨		B 붕소	C 탄소	N 질소	O 산소	F 플루오린	Ne 네온
3	Na 나트륨	Mg 마그네슘		Al 알루미늄	Si 규소	P 인	S 황	Cl 염소	Ar 아르곤

라서 다른 원자로부터 전자를 받아들이길 원하는 것들이야. 이건 비금속의 특성이야. 산소(O), 플루오린(F), 황(S), 염소(Cl)는 대표적인 비금속이지. 오른쪽 끝에 있는 18족 원소들은 다른 원소들과 결합하지 않고 혼자서 기체 상태로 허공을 떠다니는 비활성 기체야. '나홀로족'이라고도 부르지.

금속류 또는 비금속류 중에서도 같은 족, 즉 최외각전자 수가 같은 원소들은 성질이 더욱 비슷해. 이들은 특별히 동족원소(同族元素)라고 부르지.

그러면 내친김에 금속류와 비금속류, 그리고 비활성 기체의 특성을 한번 알아보자고~.

먼저 전자 배치 모형에서 왼쪽 끝에 위치한 금속류부터 보자고. 금속류는 수소(H)를 제외하면 상온에서 모두 고체로 존재해. 대부분은 은백색 광택을 띠고 있지. 힘을 가하면 부서지지 않고 얇게 펴지거나 늘어나는 속성이 있어서 가공하여 금속 제품을 만드는 데 많이 쓰여. 작은 철사로부터 비행기까지 금속으로 만든 물건은 수없이 많아. 금속은 전기와 열도 잘 전달하기 때문에 각종 그릇이며 냄비, 주전자 등을 만드는 데도 아주 유용하게 사용되지. 한마디로 금속은 아주 오래전부터 사용해 온 중요한 물질이야.

다음으로 비금속류를 살펴보자고. 주기율표에서 파란색으로 표시된 것들은 모두 비금속이야. 비금속은 금속과는 달리 광택이 없어. 힘을 주면 부서져 버리고 전기나 열도 잘 전달하지 못해. 비금속류 가운데 절반 정도는 실온에서 기체 상태이고 나머지는 고체 상태야. 비금속 중에 실온에서 액체 상태인 원소는 단 하나, 브로민(Br)뿐이야.

마지막으로 비활성 기체에 대해 알아보자. 일단 비활성 기체는 비금속에 속해. 색깔, 맛, 냄새가 없고 반응성이 거의 없다는 특징이 있지. 비활성 기체에는 헬륨(He), 네온(Ne), 아르곤(Ar)이 있는데, 각각의 특성은 다음과 같아.

첫째, 헬륨(He)은 수소(H) 다음으로 가벼운 기체야. 우주에서 수소 다음으로 많은 원소이기도 해. 일례로 태양은 4분의 3이 수소, 4분의 1은 헬륨으로 이루어진 거대한 가스 덩어리야. 태양의 중심부에서는 끊임없이 핵융합 반응(수소 원자가 결합해서 헬륨으로 변하는 것)이 일어나고 있으며, 덕분에 우리가 따뜻하게 살 수 있지.

헬륨은 가벼우면서도 안전하기 때문에 풍선이나 비행선 등에 주입하는 기체로 많이 쓰여.

둘째, 네온(Ne)은 비활성 기체 중에서도 반응성이 가장 작은 기체야. 자연 상태에서는 무색이지만 유리관에 넣어 방전시키면 아름다운 빛을 발산해. 그래서 광고, 장식 등에 널리 쓰이는 네온사인으로 이용되지. 끓는점이 낮고 냉동 효과가 뛰어나서 저온 냉매로 사용하기도 해.

셋째, 아르곤(Ar)은 질소(N), 산소(O) 다음으로 대기 중에 많이 존재하는 원소야. 공기보다 무겁고 비교적 쉽게 얻을 수 있어서 여러 방면에서 사용되고 있어. 산소 등의 기체가 물질을 부식시키는 것을 막는 데도 이용되고 진공관의 충전 물질로도 쓰이지.

최외각전자의 수에 따라 원소들의 주요 성질이 정해지기 때문에 원소들이 서로 만났을 때 어떤 반응이 일어날지도 예측 가능해. 그렇게 만들어진 것이 주기율표(periodic table)야. 주기율표란 지금까지 발견한 모든 원소들을 양성자의 개수, 즉 중성 원자의 전자 개수에 따라 일목요연하게 정리해 놓은 표야. 단, 지금도 새로운 원소들이 꾸준히 발견되고 있기 때문에 점점 더 복잡해지고 있어. 주기율표와 친해지려면 다음 두 가지를 꼭 알아야 해. 바로 '주기'와 '족'.

주기율표의 가로줄을 주기(periods), 세로줄을 족(groups)이라고 해. 주기는 원소가 갖고 있는 전자껍질 수를 나타내지. 1주기는 전자껍질 한 개, 2주기는 두 개…, 이런 식이야. 1주기부터 7주기까지 있어. 그리고 족은 원소의 최외각전자 수를 나타내지. 같은 족에 속한 원소들은 최외각전자 수가 같기 때문에 화학적으로 비슷한 성질을 갖고 있어. 1족부터 18족까지 있어.

 현재까지 원소로 인정받아서 주기율표에 등록된 원소는 110여 가지야. 하지만 이들 중에 원자 번호 92번인 우라늄(U)까지만 자연계에서 발견된 천연 원소이고 그 이후로는 인공적으로 만들어진 원소들이야.

 주기율표 덕분에 우리는 이런저런 실험을 하지 않고서도 원소들의 성질을 대략적이나마 추측할 수 있게 됐어. 또 예측했던 성질을 가진 원소가 발견되지 않았다는 생각에 혹은 주기율표상에서 비어 있는 자리를 보면서 그 자리에 들어맞는 원소를 찾기 위한 연구를 계

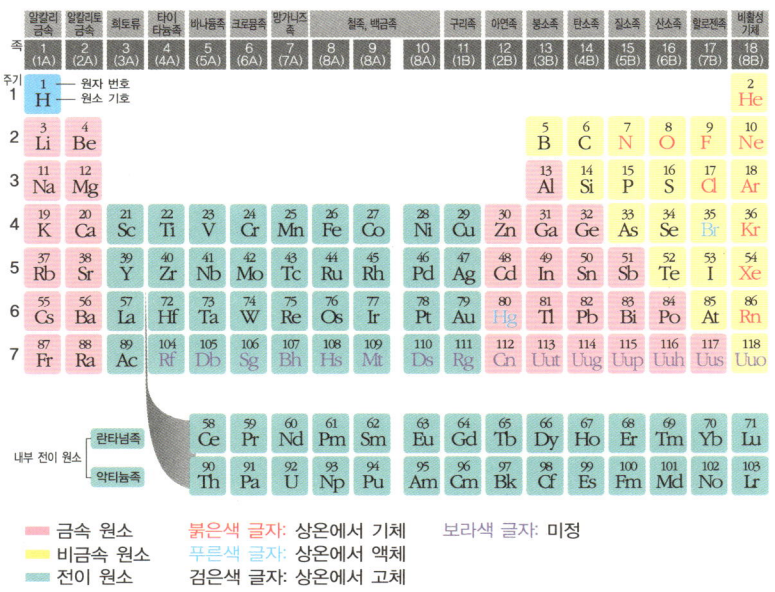

〈주기율표〉

속했고 그 과정에서 물질의 새로운 성질을 발견하기도 했지. 현대 화학의 발달은 바로 주기율표에서 나왔다고 해도 과언이 아니야.

 엄마표 간단 정리

- **주기율표**: 원소를 원자 번호 순서대로 배열하면서 성질이 비슷한 원소들끼리 같은 족으로 분류되게끔 분류한 표. 가로줄을 주기, 세로줄을 족이라고 한다.
- **금속류**: 주기율표의 왼쪽에 위치하는 원소로, 자신이 가진 전자를 떼어 내려고 하는 성질이 있다. 화학 반응에서 주로 양이온이 된다.
- **비금속류**: 주기율표에서 비활성 기체를 제외하고 오른쪽에 위치하는 원소로, 전자를 받아들이려고 하는 성질이 있다. 화학 반응에서 주로 음이온이 된다.
- **비활성 기체**: 주기율표의 오른쪽 끝에 위치하는 원소로, 화학 반응에 참여하지 않는다.

read 린스를 하면 왜 머리가 부드러워질까?

우리는 주스를 마시다 옷에 흘리면 물티슈로 닦아 내거나 얼른 화장실로 달려가지. 주스가 묻은 부분에 물을 묻혀 문지르면 어느 정도 오염물이 제거되거든.

그런데 옷에 묻은 주스는 어떤 원리로 제거되는 걸까? 이걸 알려면 먼저 물과 주스의 속성을 알아야 해. 물은 극성을 띠고 있어. 물 분자 하나는 산소 원자 1개에 수소 원자 2개가 약간 굽은 모양으로 결합된 형태인데, 산소는 부분적으로 -전하를 띠고 수소는 부분적으로 +전하를 띠기 때문에 전체적으로 극성을 띠고 있지. 주스 또한 수분이 대부분인 극성 물질이야. 그래서 물과 어우러지면서 지워지게 되는 거야.

그런데 만약 오염물질이 극성을 띠고 있지 않다면 어떨까? 삼겹살을 먹다가 기름이 옷에 튀었다면? 이때는 물로 헹궈도 기름이 지워지지 않아. 기름은 무극성 물질이기 때문에 극성인 물에 반응하지 않거든. 그래서 나온 말이 "기름때는 기름으로 빨아라."야. 실제로 예전에 사용하던 드라이클리닝 용제는 100% 기름 성분이었대. 덕분에 기름때는 지울 수 있었지만 반대로 물에 녹는 때는 지울 수 없었다나? 다행히 요즘에는 두 가지를 모두

〈계면활성제의 구조〉

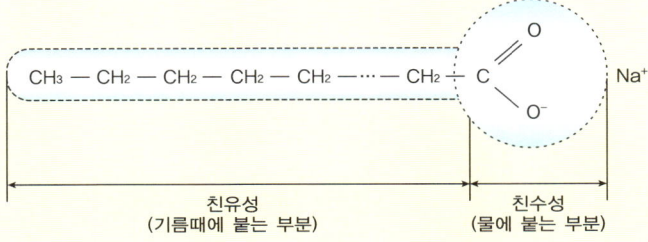

녹일 수 있는 용제를 사용한다고 하니 걱정하지 말도록~.

집에서도 옷에 묻은 때를 지울 수 있어. 계면활성제인 세제가 있기 때문이지. 계면활성제, 이 용어를 들어 본 적은 있어도 정확한 뜻을 알고 있는 사람은 많지 않을 거야. 계면(界面)이란 서로 맞닿아 있는 두 물질 간의 경계면을 말해. 서로 다른 물질이 접촉할 때 같은 물질들끼리 뭉쳐서 표면적을 작게 하려고 하는데, 이게 바로 계면장력이야. 참고로 표면장력은 물질이 액체일 때 생기는 계면장력이야.

계면활성제는 이러한 계면장력을 줄여 주는 역할을 해. 즉 같은 물질끼리 뭉치려는 힘을 줄여서 다른 물질과 잘 섞이게끔 만들어 주는 거지.

계면활성제는 물과 친한 친수성과 기름과 친한 친유성을 동시에 가지고 있어. 우리가 매일 쓰는 비누와 샴푸, 치약, 그리고 세제는 계면활성제 분자들을 포함하고 있지.

계면활성제를 물에 넣으면 친유성 부분이 기름때를 둘러싸면서 친수성 부분이 밖으로 드러난 공 모양의 입자가 만들어져. 이 입자가 물속으로 녹아 들어가면서 기름때가 함께 떨어져 나가는 거지.

그렇다면 린스는 뭘까? 린스를 하면 왜 머리가 부드러워질까?

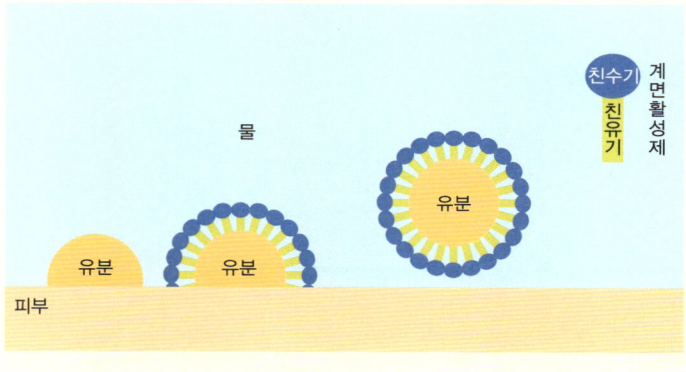

사실 계면활성제에는 양이온계면활성제와 음이온계면활성제가 있어. 그 기준은 활성제의 친수성 부분이 +전하를 띠느냐, -전하를 띠느냐에 달려 있지. 샴푸나 치약, 합성세제 등으로 사용되는 계면활성제의 70%는 음이온계면활성제야. 반면에 린스는 친수성 부분이 +전하를 띤 양이온계면활성제야. 린스 외에도 섬유유연제, 대전방지제 등이 양이온계면활성제로 만들어졌어.

린스, 섬유유연제, 대전방지제. 뭔가 공통점이 보이지? 모두 뭔가를 부드럽게 해 주거나 정전기를 방지하는 용품이야.

'부드럽게' 한다는 건 섬유나 머리카락 사이의 부스스한 기운, 즉 전기력을 없애 주는 거야. 양이온계면활성제를 물에 넣으면 어떻게 될까? 친수기 부분이 바깥쪽으로 향한 공 모양이 될 거야. 그리고 이 친수기 부분은 +전하를 띠고 있어서 섬유나 머리카락의 정전기인 -전하를 만났을 때 전기적으로 중성이 되는 거야. 그래서 머리카락은 매끄럽게 흘러내리고 섬유는 부드럽게 되고~.

음이온계면활성제 (anion)	⊖ 친수기 친유기	물에 넣으면 −전하를 띤다.
양이온계면활성제 (cation)	⊕ 친수기 친유기	물에 넣으면 +전하를 띤다.

check 문제 풀며 확인하기

1. 다음은 원자에 대한 설명이다. 맞으면 ○표, 틀리면 ×표를 하시오.
   ① 원자 질량의 대부분은 원자핵이 차지한다. (   )
   ② 전기적으로 중성인 원자에 들어 있는 양성자, 전자, 중성자의 숫자는 모두 같다. (   )
   ③ 원자는 원자핵과 전자로 나뉘며, 원자핵은 다시 양성자와 중성자로 나뉜다. (   )
   ④ 전자가 원자핵의 주위를 돌다가 원자핵으로 떨어지지 않는 이유는 원자핵과 전자가 서로 전기적으로 반발하기 때문이다. (   )
   ⑤ 전자의 정확한 위치는 알 수 없고 단지 존재하는 확률만 알 수 있는데, 그 확률을 점으로 표시한 게 전자구름 모형이다. (   )

2. 다음 입자가 원자인지, 이온인지 구별하고 이온이라면 어떤 전하를 띠고 있는지 나타내시오.
   ① 양성자 개수 8, 전자 개수 8
   ② 양성자 개수 11, 전자 개수 10
   ③ 양성자 개수 17, 전자 개수 19
   ④ 양성자 개수 13, 중성자 개수 15

3. 다음 중 전자의 개수가 가장 많은 이온은? (각각의 원자 번호는 Li: 3, Mg: 12, O: 8, Cl: 17)
   ① Li^+ ② Mg^{2+} ③ O^{2-} ④ Cl^-

4. 다음은 주기율표를 간략하게 나타낸 것이다.

주기＼족	1	2	3~12	13	14	15	16	17	18
1									
2	가							나	다
3		라		마					

① (가)~(마) 중에서 양이온이 되기 쉬운 이온에는 어떤 것들이 있는가? 양이온이 된다면 각각의 전하량은?

② (가)~(마) 중에서 음이온이 되기 쉬운 이온은 무엇인가? 음이온이 된다면 각각의 전하량은?

③ (가)~(마) 중에서 이온이 되지 않고 원자인 상태가 더 안정적인 것은?

④ (나)가 이온이 되었을 때의 전자 배치도를 그리시오.

5. 다음은 Cl[원자 번호: 17]와 Ca[원자 번호: 20]의 원자 및 이온 상태를 화학식으로 나타낸 것이다. 다음 중 옳은 것을 모두 고르시오.

$$Cl \quad Cl^- \quad Ca \quad Ca^{2+}$$

① Cl 원자와 Ca 원자가 가지고 있는 전자 수는 같다.
② Cl 원자와 Ca 원자가 가지고 있는 양성자 수는 같다.
③ Cl^-과 Ca^{2+}이 가지고 있는 전자 수는 같다.
④ Cl^-은 '염소 이온'이라 부르고, Ca^{2+}은 '칼슘 이온'이라 부른다.
⑤ Cl^-과 Ca^{2+}의 전자 배치는 Ar 원자[원자 번호: 18]의 전자 배치와 같다.

7장

Chemistry

화합물과 화학식

　친구 중에서도 나와 유난히 잘 맞는 친구가 있어. 함께 있으면 마음이 편해지면서 나의 부족한 점을 채워 주는 친구 말이야.

　원자도 마찬가지야. 원자가 화합물을 만들 때 주변에 있는 아무 원자하고나 결합한다고 생각하면 절대 안 돼. 원자들도 다른 누군가와 결합할 때는 제각기 원하는 조건이 있고, 자신에게 알맞은 결합 방식이 있거든.

　참, 원자별로 원자 번호가 있는데, 원자 번호는 원자를 이루는 전자 또는 양성자와 관계가 있어. 원자 번호를 보면서 원자의 특성을 예측할 수 있으면 그 원자가 화합물을 만들 때 어떤 결합 방식을 택할지 알 수 있지. 또 원자가 화합물을 만드는 세 가지 결합 방식, 즉 이온결합, 금속결합, 공유결합에 대해서도 얘기해 줄게. 각 결합의 조건 및 결합 과정을 이해하고 있으면 결합 후에 생기는 물질의 성질까지 파악할 수 있을 거야. 복잡해 보이는 화학식도, 알고 보면 원소의 종류와 숫자를 죽 늘어놓은 것에 지나지 않거든.

　자, 그러면 지금부터 원자와 원자가 만나 화합물을 이루는 과정을 살펴보자고~.

1 물질, 분류할 수 있어야 헷갈리지 않아요

물질이 뭘까? 우리가 별 생각 없이 많이 쓰이는 단어라서 그런지 의외로 물질의 개념을 정확히 모르는 사람이 상당히 많아. 물질이랑 분자를 혼동하는 사람도 참 많고.

물질은, 우리가 "그 물체의 재료가 뭐니?" 하고 물어볼 때 '재료'에 해당하는 거야. 한마디로 '물체를 이루는 재료 또는 본바탕'이지.

물질의 종류는 셀 수 없이 많아. 그런데 물질을 이루는 원소는 얼마 안 돼. 자연 상태에서 존재하는 원소는 90여 가지이고 인간이 새로 만든 원소를 합쳐도 110여 가지에 불과해. 그럼에도 물질이 수없이 많은 건 원소들이 이리저리 결합해서 새로운 물질을 만들어 내기 때문이야.

수소(H) 원자와 산소(O) 원자를 한번 보자고~.

$H_2, O_2, O_3, H_2O, H_2O_2, \cdots$

단 2개의 원자로 이렇게 여러 개의 물질을 만들 수 있어. 그리고 만약 여기에 탄소(C) 원자가 더해진다면?

H_2, O_2, H_2O, H_2O_2, CO, CO_2, CH_4, CH_3OH, C_2H_5OH, …
$HOOC-(CH_2)_{10}-COOH$

어때, 굉장하지? H, O, C의 3가지 원소만으로도 이렇게 많은 물질이 만들어지는데, 하물며 110여 가지 원소가 서로 어우러진다고 생각해 보렴. 얼마나 많은 물질을 만들어 낼 수 있을지, 아마 상상도 안될 거야.

주기율표를 통해 원소들을 깔끔하게 정리했듯이, 수많은 물질들 역시 정리를 해 놔야 찾기도 편하고 쓰기도 편하겠지? 색깔, 맛, 농도(밀도) 등 기준이야 만들기 나름이지만, 우리는 화학에서 기본이 되는 기준으로 물질을 분류해 보자고~.

물질은 크게 순물질과 혼합물로 나눌 수 있어. 순물질은 물(재료:

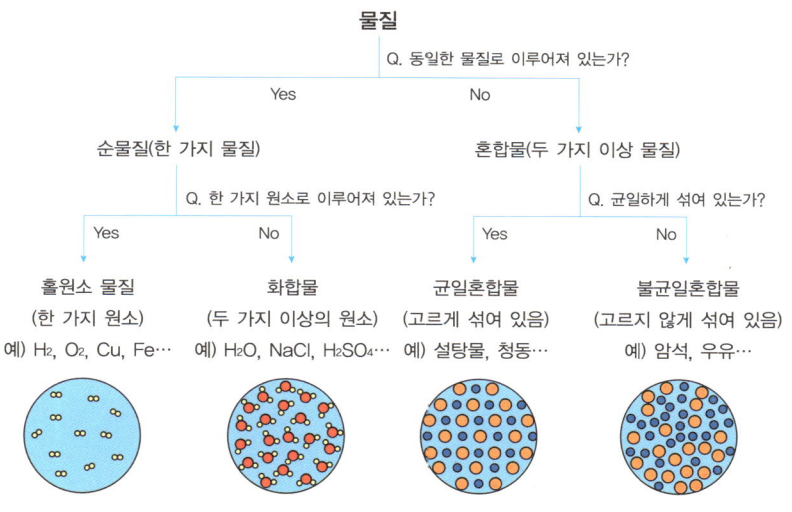

물)이나 소금(재료: 소금)처럼 한 가지 물질로만 이루어진 물질이고, 혼합물은 소금물(소금+물), 쿠키(밀가루+설탕+달걀+우유 등)처럼 두 가지 이상의 물질이 각자의 화학적 성질을 간직한 채 '단순히' 섞여 있는 물질이야. 순물질은 한 가지 물질, 즉 동일한 분자가 모여 있는 물질이기 때문에 녹는점과 끓는점, 밀도 등이 일정해.

순물질은 다시 홑원소 물질과 화합물로 나눌 수 있어.

- 홑원소 물질: 한 종류의 원소로만 이루어진 물질. 예) H_2, O_2, O_3, Cu, Fe 등
- 화합물: 두 가지 이상의 원소가 화학적으로 결합한 물질. 예) H_2O, NaCl, $FeSO_4$ 등

혼합물도 성분물질이 균일하게 섞여 있는지 여부에 따라 다시 균일혼합물과 불균일혼합물로 나눌 수 있어.

우유는 불균일혼합물이야

우유는 지방, 단백질, 당분 등 각 영양물질이 자신의 성질을 그대로 간직한 채 섞여 있는 불균일혼합물, 즉 에멀전(emulsion)이야. 에멀전이란 서로 용해되지 않는 두 액체가 잘게 분산되어 섞여 있는 상태를 말해. 대표적인 불균일혼합물로 물과 기름을 꼽을 수 있는데, 물속에 기름이 분산되어 있는 O/W(oil-in-water)형과 기름 속에 물이 분산되어 있는 W/O(water-in-oil)형이 있어. O/W형에는 우유, 아이스크림 등이 있고 W/O형에는 버터, 마가린 등이 있지.

- 균일혼합물: 혼합물의 각 성분물질이 전체에 균일하게 섞여 있는 것. 예) 설탕물(설탕+물), 청동(그리+주석)
- 불균일혼합물: 각 성분물질의 혼합 비율이 일정하지 않은 것. 예) 암석 등 여러 가지 광물, 우유, 생과일주스

균일혼합물은 전체 중 어느 부분을 떼어 내더라도 성분물질의 비율이 일정해. 예컨대 설탕이 완전히 녹아 있는 설탕물은 윗부분과 아랫부분의 농도가 모두 같아.

하지만 불균일혼합물은 달라. 만일 커다란 바위에서 윗부분과 아랫부분을 떼어 내어 각각의 성분을 분석하면 어떨까? 아마도 어떤 부분은 모래가 좀 더 많고 어떤 부분은 점토가 좀 더 많을 거야. 생과일주스도 마찬가지야. 주스를 가만히 놓아두면 과육 알갱이가 밑으로 가라앉는데 그에 따라 위쪽과 아래쪽의 성분비율이 달라지지.

평상시에 균일혼합물과 불균일혼합물을 간단하게 구분하는 방법을 하나 알려 줄게. 절대적인 방법은 아니지만 어림잡아서 이용할 수 있는 방법이야.

첫째, 균일혼합물은 투명해. 형형색색의 비타민 음료라든지 탄산음료, 유리컵, 페트병을 떠올려 보렴. 색깔은 있지만 그 너머를 볼 수 있을 정도로 투명하지? 그 이유는 균일혼합물이기 때문이야. 반면에 막걸리, 흙탕물 등의 불균일혼합물은 불투명해서 병 너머가 안 보여.

둘째, 음료수 병에 "먹기 전에 흔들어 주시면 맛이 더 좋아요."란

설명이 붙어 있으면 불균일혼합물이야. 보통 커피우유나 두유, 알로에 과육 음료 등은 불균일혼합물이라서 장시간 가만히 놓아두면 뜨거나 가라앉는 물질이 있거든. 그래서 먹기 전에 '잘 섞어서' 먹으라고 하는 거야.

 엄마표간단 정리

- **순물질**: 동일한 물질로 이루어진 것.
    - 홑원소 물질: 한 가지 원소로만 이루어진 물질이다.
    - 화합물: 두 가지 이상의 원소가 화학적으로 결합해서 만들어 낸 물질이다.
- **혼합물**: 두 가지 이상의 물질이 각자의 성질을 유지한 채 섞여 있는 물질.
    - 균일혼합물: 각각의 성분물질이 균일하게 섞여 있는 상태이다.
    - 불균일혼합물: 각각의 성분물질이 불균일하게 섞여 있는 상태이다.

2 헷갈리지 말아요, 혼합물과 화합물

　혼합물과 화합물 구분은 정말 쉬워. 몇 가지 특성만 이해하면 되거든. 그런데 많은 이들이 종종 헷갈려 해. 이참에 혼합물과 화합물을 확실하게 구분해 보자고~.

　혼합물은 두 가지 이상의 물질이 섞여 있으면서 각각의 성질을 유지하고 있는 상태야. 한데 어우러져 있을 뿐, 물질의 가짓수와 종류는 섞이기 전과 후가 동일해. 예를 하나 들어 볼게. 설탕물은 설탕과 물의 혼합물이야. 설탕물에는 설탕과 물이 각각의 성질을 유지하면서 그대로 존재하고 있어. 설탕물을 마시면 설탕의 단맛을 느낄 수 있고 물의 수분도 얻을 수 있지.

　화합물은 물질이 결합해서 '새롭게 탄생한' 물질이야. 화합물은 끓는점, 녹는점, 밀도 등의 화학적 성질이 원재료인 물질들과 전혀 달라. 예를 들면 염화나트륨은 나트륨과 염소의 화합물이야. 나트륨은 은백색의 금속이고, 염소는 자극적인 냄새가 나는 녹황색의 기체로 독성이 강해. 이 두 물질이 만나면? 염화나트륨이 돼. 염화나트륨은 우리가 흔히 먹는 소금이야. 소금이 금속이던가? 천만의 말씀이야. 소금이 냄새가 강하고 독성이 강하던가? 천만의 말씀이지. 염화나트륨에는 더 이상 나트륨과 염소라는 물질이 존재하지 않아.

혼합물과 화합물의 차이는 분자식을 봐도 알 수 있어. 혼합물인 공기를 분자식으로 나타내라고 하면 공기 속에 포함된 여러 가지 기체의 분자식을 죽 늘어놓아야 할 거야. 공기는 한 가지 물질이 아니거든. 하지만 화합물인 에탄올의 분자식은 C_2H_5OH이고, 또 다른 화합물인 황산구리의 분자식은 $CuSO_4$야. 화합물은 한 가지 물질이기 때문에 이처럼 하나의 분자식으로 표현할 수 있단다.

그러면 이번에는 동일한 수소 기체와 산소 기체를 가지고 한 번은 혼합물을, 다른 한 번은 화합물도 만들어 볼까?

첫 번째 그림은 수소 기체와 산소 기체를 섞어 놓은 혼합물이야. 혼합물이 된 후에도 수소 분자와 산소 분자는 그대로 존재하지.

두 번째 그림은 수소 기체와 산소 기체를 전기불꽃으로 반응시켜서

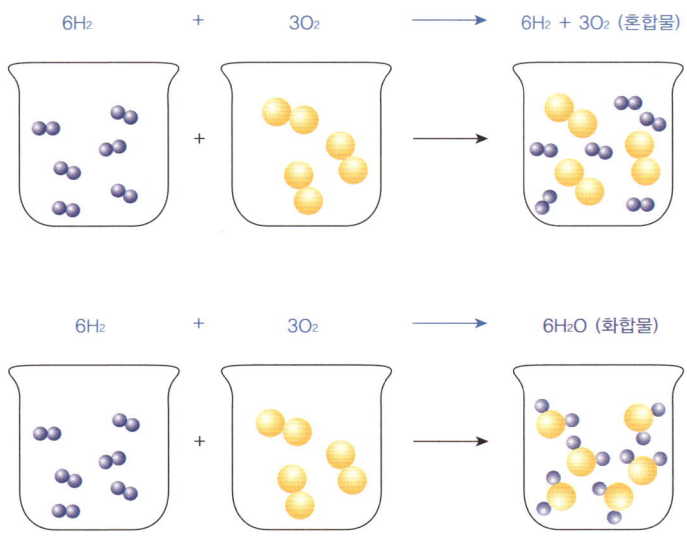

물을 만드는 과정을 나타낸 거야. 물은 수소와 산소가 2:1로 결합한 화합물이야. 물속에는 수소 분자와 산소 분자가 남아 있지 않지.

그런데 화합물은 동일한 원소들을 가지고 만들어도 결합 비율이 다르면 각기 전혀 다른 물질이 만들어진단다. 그런 의미에서 원소 C와 원소 O가 결합된 화합물, CO와 CO_2를 한번 비교해 보자고.

- CO〔일산화탄소〕: 연탄가스. 체내의 산소를 고갈시켜 생명을 앗아 간다.
- CO_2〔이산화탄소〕: 우리가 숨을 내쉴 때 자연스럽게 내뿜는 기체. 탄산음료에서 톡 쏘는 기능을 한다.

엄마표 간단 정리

- **혼합물과 화합물의 비교**

혼합물	화합물
성분물질이 단순히 섞여 있는 상태.	성분물질이 반응하여 새로운 물질을 만든 상태.
성분물질이 제 성질을 유지한 채 존재한다.	성분물질이 더 이상 존재하지 않는다.
성분물질의 비율을 자유롭게 조절할 수 있다.	성분물질의 비율이 정해져 있다. 예) 암모니아(NH_3)의 성분비 　　질소 원자(N):수소 원자(H)=1:3
거름, 추출 등 비교적 간단한 방법으로 성분물질을 분리할 수 있다.	성분물질을 분리하기 어렵기 때문에 화학적 방법을 사용한다.

3 혼합물은 상태가 바뀔 때 온도가 변해요

한겨울 매서운 추위에 한강이 얼어붙었다는 속보가 TV에서 흘러나오고 어른들은 마당의 수도관이 얼어서 터져 버렸다며 발을 동동 구르는 가운데서도 의연하게 제자리를 지키는 게 있어. 그건 바로 장독대에 놓인 간장독이야. 간장은 왜 얼지 않을까? 그 이유는 간장이 물과 소금의 혼합물이기 때문이야. 물의 어는점은 0℃이지만 물과 소금의 혼합물인 소금물의 어는점은 그보다 훨씬 낮아.

그러면 혼합물인 소금물의 어는점이 물보다 낮은 이유가 뭘까? 물이 얼려면 물 분자끼리 결합해서 결정이 되어야 하는데, 소금물의 경우 소금 분자가 물 분자 사이에 끼어서 물 분자끼리 결합하는 걸 방해해. 그래서 순수한 물일 때보다 온도를 더 내려야 얼기 시작해. 게다가 물이 얼기 시작하면 남아 있는 소금물의 농도는 더욱 높아져. 물이 언다고 해서 소금까지 어는 건 아니기 때문이지. 따라서 남은 소금물이 얼기 위해선 온도가 더 내려가야 하고, 결국 얼어 가는 도중에도 소금물의 온도는 계속해서 내려가게 돼.

소금물처럼 액체에 고체 물질을 넣어 혼합했을 때 액체의 어는점이 낮아지는 현상을 '어는점 내림 현상'이라고 해.

이번에는 소금물을 끓이면서 온도의 변화를 관찰해 보자고~. 끓

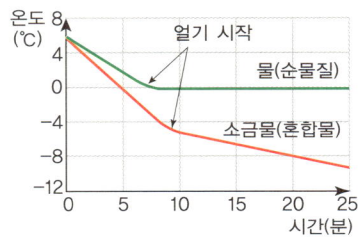
〈물과 소금물의 냉각 곡선〉

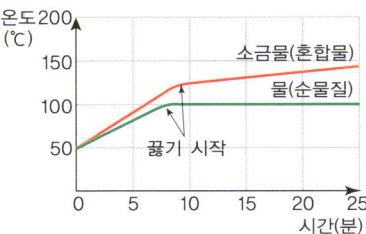
〈물과 소금물의 가열 곡선〉

는다는 건 액체 상태인 물 분자가 다른 액체 분자와의 인력을 끊고 공기 중으로 빠져나가는 거야. 순수한 물은 100℃가 되면 끓기 시작해. 하지만 소금물의 경우, 물에 녹은 소금 분자가 물 분자를 강하게 끌어당기기 때문에 물 분자가 공기 중으로 빠져나가는 걸 방해하게 돼. 게다가 소금은 끓는점이 물보다 훨씬 높기 때문에 주변의 물이 끓어도 꿈쩍 않고 버티면서 물 분자가 빠져나가지 못하도록 방해 공작을 펼치지. 따라서 소금물의 끓는 온도는 순수한 물보다 높을 뿐만 아니라 끓는 와중에도 계속해서 온도가 증가하게 돼. 이런 현상을 '끓는점 오름 현상'이라고 해.

어는점 내림과 끓는점 오름은 액체와 고체를 섞은 혼합물일 때 일어나는 현상이야. 그러면 액체와 액체를 섞은 혼합물의 경우는 어떨까? 물의 끓는점은 100℃, 에탄올은 끓는점이 78℃야. 물과 에탄올을 각각 가열하면 각자의 끓는점에서 액체 상태에서 기체 상태로 완전히 바뀔 때까지 온도가 일정한 수평곡선이 생겨. 따라서 물과 에탄올을 섞은 후에 끓이면 수평곡선이 두 번 나타나게 돼. 첫 번째 수

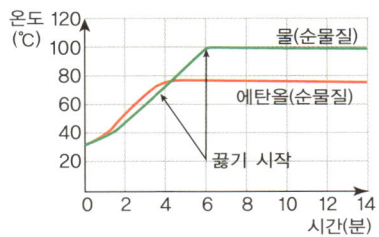
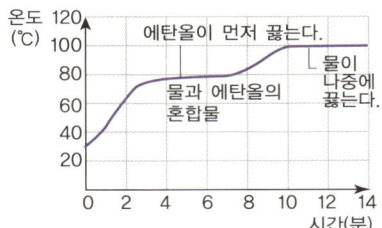

평곡선은 에탄올의 끓는점 근처에서, 두 번째 수평곡선은 물의 끓는점 근처에서 생겨. 그런데 자세히 보면, 에탄올의 경우에는 원래의 끓는점보다 다소 높아져 있어. 에탄올 분자가 끓는 걸 물 분자가 방해했기 때문이야. 또 순수한 에탄올일 때와는 달리 에탄올이 끓는 도중에도 수평곡선의 온도가 약간 상승한 걸 볼 수 있어. 에탄올과 섞여 있는 물의 온도가 조금씩 상승했기 때문이야.

　이렇듯 상태 변화가 일어날 때 온도가 일정하게 유지되는 순물질과 달리 혼합물은 상태 변화가 일어나는 도중에도 계속해서 온도가 변해. 이것은 순물질과 혼합물의 중요한 차이이기도 해.

 엄마표간단 정리

- 순물질은 상태 변화가 일어날 때 온도가 변하지 않는다. 반면에 혼합물은 상태 변화가 일어나는 도중에도 온도가 계속 바뀐다.
- 혼합물의 경우, 성분물질 중 일부가 먼저 상태 변화를 할 때 함께 존재하는 다른 물질들 때문에 상태 변화 중에 계속해서 온도가 변화한다.

4 알파벳 속에 물질의 정체가 숨어 있어요

 세상의 많은 물질이 서로 만나고 헤어지면서 새로운 물질들을 만들어. 그리고 그 일련의 과정을 쉽고 간단하게 보기 위해 만든 게 화학식이야.

 화학식은 원소 기호와 숫자를 사용해 물질을 이루는 원자와 분자, 이온의 종류 및 개수, 구성 비율 등을 나타낸 식이야. 화학식만 보면 물질의 정체를 어느 정도 파악할 수 있지.

 화학식에는 여러 가지 종류가 있어. 우리들은 그중에서도 분자식을 가장 많이 사용하는데, 분자식은 분자를 이루는 원자의 종류 및 개수를 원소 기호와 숫자로 나타낸 식이야. 화학식 중에서 가장 많이 쓰는 식이기도 해.

 분자식을 쓰는 방법은 아주 쉬워. 분자 1개당 어떤 원소가 각각 몇 개씩 들어 있는지 적기만 하면 돼. 예를 들어 이산화탄소 분자 1개는 탄소 원자 1개와 산소 원자 2개로 이루어져 있으므로 다음과 같이 나타낼 수 있어.

탄소 ─ 산소
CO_2
└─ 분자 1개에 들어 있는 산소 원자의 개수

그러니까 CO_2는 이산화탄소의 화학식이자, 좀 더 상세하게 분류해 보면 분자식이야.

설탕을 확대한 모습

설탕을 예로 들어 한 번 더 설명해 줄게. '설탕'이란 이름만으로는 설탕이 어떤 물질인지에 대한 정보를 거의 얻을 수 없어. 설탕을 크게 확대한 사진을 봐도 구성 원자나 개수는 알 수가 없지.

그렇다면 설탕의 분자식을 볼까? 설탕의 분자식은 $C_{12}H_{22}O_{11}$이야. 이것을 보면 설탕 분자에 탄소, 수소, 산소 원자가 각각 12개, 22개, 11개 들어 있다는 걸 알 수 있지. 어떻게 결합되어 있는지 등 세부적인 것까지는 알 수 없지만 일단 기본적인 정보는 확보한 거야.

분자식 말고 다른 화학식들도 살펴보자고!

내친김에 분자식 외에 다른 화학식들도 야금야금 살펴보자고~. 뭐든 조금이라도 아는 것이 힘!!!

- **실험식**: 화학식 중에서도 가장 간단한 것으로 화합물 속에 들어 있는 각 성분 원소의 비율을 나타낸 식이야. 예컨대 벤젠과 아세틸렌은 성분 원소는 같아도 분자식은 달라. 각각 C_6H_6와 C_2H_2이거든. 분자식을 보면 알겠지만, 벤젠 분자 1개는 탄소 원자 6개와 수소 원자 6개로 이루어져 있고, 아세틸렌 분자 1개는 탄소 원자 2개와 수소 원자 2개로 이루어져 있어. 하지만 두 원소 모두

분자 내 탄소 대 수소의 비율은 1:1로 동일해. 따라서 벤젠의 실험식도 CH이고 아세틸렌의 실험식도 CH야. 정확하지도 않은데, 이런 식을 왜 사용하냐고? 실험식은 분자 형태가 아닌 물질, 즉 이온결합 등을 나타낼 때 아주 유용하거든.

- 시성식: 분자의 특성을 한눈에 볼 수 있게끔 분자의 성질을 결정하는 중요한 부분, 즉 작용기를 따로 떼어 내서 잘 보이도록 나타낸 식이야. 에탄올과 메탄올은 모두 알코올이야. 메탄올은 탄소 1개에 수소 4개, 산소 1개, 에탄올은 탄소 2개에 수소 6개, 산소 1개가 결합한 물질이지. 분자식으로 나타내면 메탄올은 CH_4O, 에탄올은 C_2H_6O야. 그런데 두 물질이 알코올이라는 특성(특유의 냄새가 난다든지 물과 잘 섞인다든지 등)을 가지게 만든 부분이 있어. 바로 O와 H가 결합한 $-OH$야. $-OH$를 '알코올기'라고도 해. 두 물질이 알코올이라는 걸 쉽게 알 수 있도록 위 분자식에서 OH를 떼어 내서 따로 표기한 것, 그게 시성식이야.

CH_4O [메탄올 분자식] → CH_3-OH → CH_3OH [메탄올 시성식]
C_2H_6O [에탄올 분자식] → C_2H_5-OH → C_2H_5OH [에탄올 시성식]

- 구조식: 분자의 구조, 즉 원자들이 어떻게 배열되어 있고 어떻게 결합하고 있는지를 그림으로 나타낸 화학식이야. 예컨대 에탄올(C_2H_5OH)을 구조식으로 나타내면 다음과 같아.

$$\begin{array}{c} \text{H} \quad\ \text{H} \\ |\quad\ \ | \\ \text{H}-\text{C}-\text{C}-\text{O}-\text{H} \\ |\quad\ \ | \\ \text{H}\quad\ \text{H} \end{array}$$

지금은 이게 대체 무슨 그림인가 싶겠지만, 고등화학에 들어가면 "정말 효율적인 방식이군." 하면서 고개를 끄덕이게 될 테니까 일단은 관심 있게 봐 두렴!

5 불안정한 원자는 누군가가 필요해~

자, 이제 원자들이 어떻게 결합하는지에 대해 본격적으로 얘기할 시간이 되었어. 앞에서 얘기했듯이, 자연 상태에 존재하는 원소는 90여 종이고 사람이 인위적으로 만든 것을 다 합쳐도 110여 종이야. 하지만 원자들이 다른 원자들과 이리저리 결합해서 수많은 화합물들을 쏟아 낸 덕에 헤아릴 수 없는 많은 물질들이 존재하게 됐지.

원자들이 왜 결합을 하냐고? 그건 대부분의 원자들이 혼자일 때 불안정한 상태이기 때문이야.

왜 불안정하냐고? 그건 전자 배치가 불안정하기 때문이야. 6장에서 알려 준 2-8-8, 기억나지? 원자의 전자 배치도에서 첫 번째 껍질에 2개, 두 번째 껍질에 8개, 세 번째 껍질에 8개가 채워져야 원자가 안정한 상태를 이룬다는 이야기 말이야. 만약 전자를 다 채우지 못한 껍질이 있다면, 그 원자는 불안정한 상태를 이루게 돼. 그런 원자들은 안정한 상태가 되기 위해 다른 곳에서 전자를 가져오거나 자기가 갖고 있는 전자를 버리지.

그런데 말이야, 그 모든 일이 자기 혼자서는 불가능해. 전자를 가져오려면 '누군가'가 자신에게 전자를 줘야 하고, 전자를 버리려면 자신이 버린 전자를 가져갈 '누군가'가 필요하거든. 그래서 원자는 스스로 안정한 상태가 되기 위해 다른 원자와 결합해서 분자 또는 화합물을 만드는 거야.

단, 한 가지 명심할 게 있어. 원자가 불안정하다고 해서 아무 원자하고나 결합하는 게 아니라는 점. 원자들은 자신의 사정을 충분히 이것저것 따져 본 후에 결합해. 사람 못지않게 깐깐하지! 이러한 화학결합에는 다음 3가지 유형이 있어.

① 이온결합(ionic bond): 금속＋비금속

두 원자가 전자를 주고받아서 각각 양이온과 음이온이 된 후에 각자가 띠고 있는 정전기적 인력에 의해 결합하는 것이다.

② 공유결합(covalent bond): 비금속＋비금속

두 원자가 각자 가지고 있는 전자를 내어놓아 전자쌍을 만들고 이 전자쌍을 공유함으로써 이루어지는 결합이다.

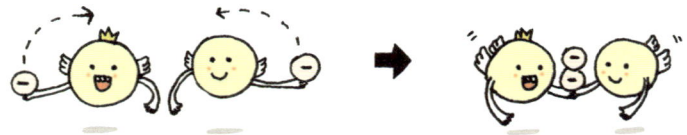

③ 금속결합(metallic bond): 금속+금속

금속 원자들이 내놓은 전자들이 금속 양이온들 사이를 자유로이 이동하면서 금속 양이온과 전자들 사이에 형성되는 결합이다.

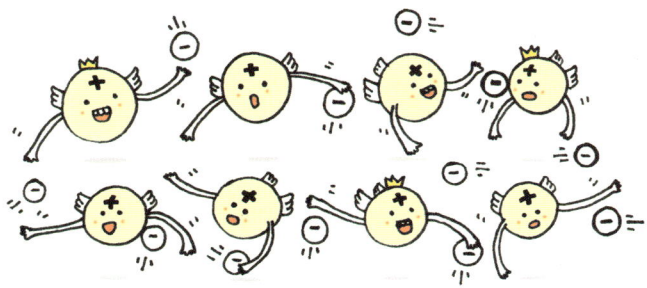

이온결합, 공유결합, 금속결합이 어려울 것 같다고? 지금부터 하나하나 차분히 배워 보자고~. 한번 알고 나면 너무 쉬워서 죽을 때까지 안 잊어버릴걸.

 엄마표간단 정리

- 원자는 자기가 갖고 있는 모든 전자껍질이 꽉 차지 않으면 불안정한 상태가 되고, 이 경우 다른 원자와의 결합을 통해 안정한 상태가 되려고 한다.
- 화학결합에는 이온결합, 공유결합, 금속결합의 세 가지 종류가 있다.

6
서로 다른 모습에 확 끌려요

원자가 전자를 잃으면 +이온이 되고 전자를 얻으면 −이온이 된다는 것, 잘 기억하고 있지?

이온결합은 금속 원자와 비금속 원자가 서로 전자를 주고받아서 각각 +이온과 −이온이 된 후 정전기적 인력에 의해 결합하는 거야. 1개 또는 2개밖에 없는 최외각전자를 버리고 싶어 하는 금속 원자와 전자 1~2개만 있으면 바깥껍질을 채울 수 있는 비금속 원자가 만났다고 상상해 봐. 금속 원자는 전자를 버려서 양이온이 되고, 비금속 원자는 전자를 받아서 음이온이 되겠지. 그와 동시에 양이온과 음이온이 된 입자들 사이에 정전기적 인력이 생겨. +와 −가 서로 끌리는 건 자연의 순리! 이들 양이온과 음이온이 결합하여 화합물을 형성하는 게 바로 이온결합이야.

이온결합의 대표 물질인 염화나트륨(NaCl)을 보자고~. 최외각전

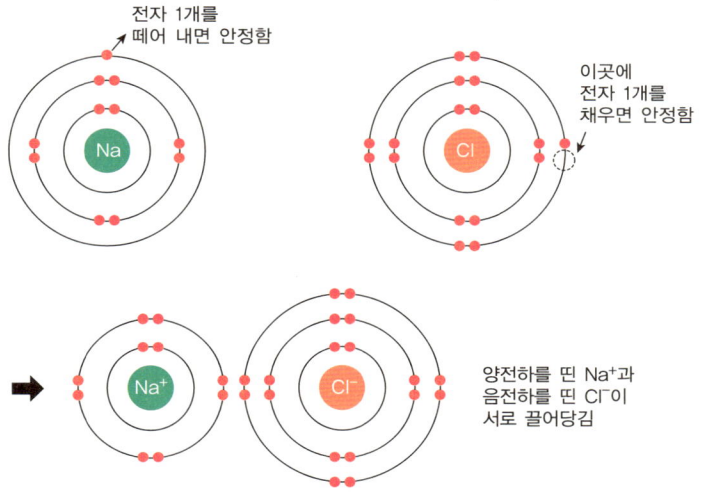

자가 1~2개뿐이라서 바깥쪽 전자를 버리고 싶어 하는 금속류(1족, 2족)와 최외각전자가 6~7개라서 껍질을 꽉 채우고 싶어 하는 비금속류(16족, 17족)가 만났을 때 이온결합이 이루어지지.

예를 하나 더 들어 볼까? 금속류에 속한 칼슘(Ca), 비금속류에 속한 염소(Cl)를 한번 보자고~. 각각의 원자 구조는 다음 그림과 같아.

그림을 잘 보면 알겠지만, Ca 원자는 전자 2개를 버려야 하고 Cl

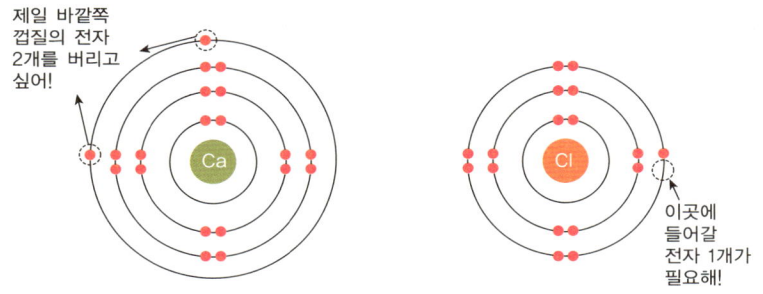

7장 화합물과 화학식 **249**

원자는 전자가 1개 필요해. 어떻게 하면 될까? 간단해. Ca 원자 1개당 Cl 원자 2개를 만나게 해 주면 돼.

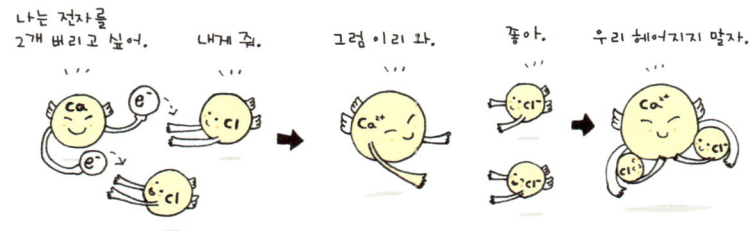

Ca과 Cl가 서로 전자를 주고받는 관계를 수학적으로 계산해 볼까? 이온화합물은 전기적으로 중성이야. 따라서 단위 화합물을 구성하는 양이온의 +전하의 합과 음이온의 −전하의 합이 0이 되도록 양이온과 음이온의 비율을 맞추면 돼.

- (양이온의 수×양이온의 전하)+(음이온의 수×음이온의 전하)=0

Ca 이온의 전하는 +2, Cl 이온의 전하는 −1이야. 따라서 두 이온이 만나서 합이 0이 되려면 Ca 이온과 Cl 이온이 만나는 비율이 1:2가 되어야 해. 따라서 화합물은 $CaCl_2$이 되지.

여기서 주의할 것 하나! 이온결합 물질에선 분자가 없어. 그럼 왜 앞에서 NaCl이라고 썼냐고? NaCl은 분자식이 아니야. 염화나트륨 결정에서 Na과 Cl의 결합 비율을 적은 거야. 즉 NaCl은 Na 1개와 Cl

〈염화나트륨 결정의 구조〉

● 나트륨 이온　● 염화 이온

1개가 결합해서 만들어진 분자가 아니라 수많은 Na^+과 Cl^-이 규칙적으로 얽히면서 이루어진 결정이야.

　Na과 Cl가 각각 Na^+과 Cl^-이 됐다고 생각해 보자. 서로가 서로를 끌어당기니까 자석 구슬을 떠올리면 좋겠네. 한 개의 자석 구슬이 다른 자석 구슬과 붙었다고 해서 다른 자석 구슬을 외면할까? 아니지. 자신이 끌어당길 수 있을 만큼 주변의 자석들을 끌어당길걸. 그래서 이온결합에서는 '분자식'이 아니라 '화학식'이란 표현을 사용해. 보다 정확히 얘기하자면 구성 원자들의 결합 비율을 적은 '실험식'이야.

　이렇듯 이온결합 물질은 각 이온이 반대 전하를 가진 이온들을 끌

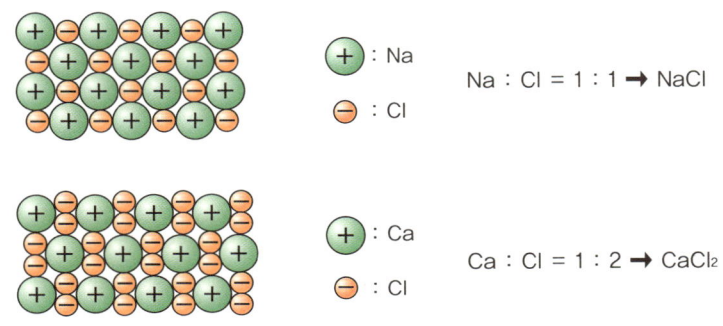

⊕ : Na
⊖ : Cl

Na : Cl = 1 : 1 ➜ NaCl

⊕ : Ca
⊖ : Cl

Ca : Cl = 1 : 2 ➜ $CaCl_2$

7장 화합물과 화학식　251

어당겨 연속적인 연결 형태를 이루기 때문에 서로 단단하게 연결된 구조야. 그 덕에 이온결합으로 이루어진 화합물은 상온에서 고체 상태이고 녹는점과 끓는점이 매우 높지.

이온결합 물질은 충격을 가하면 부서져 버려. 소금 결정의 귀퉁이를 내려치면 와그작 하면서 결정 전체가 한순간에 부서지지. 반면에 나무토막이나 철은 내려쳐도 전체가 부서지지는 않아. 그 이유는 이온결합 물질의 구조에서 찾을 수 있어.

이온결합 물질은 서로 다른 전하를 띤 이온들이 번갈아 가며 배열되어 있어. 그 상태에서 충격을 가했을 때 배열이 조금이라도 밀리면 도미노 같은 현상이 일어나. 하나가 밀리면 전체가 밀리게 되고, 그 결과 층 전체 이온들이 위아래로 동일한 전하를 띠는 이온들과 마주하게 되면서 강한 반발력이 생기게 돼. 그래서 소금 결정이 와그작 하고 부서지는 거야.

〈이온결합 물질에 힘을 가할 때의 변화〉

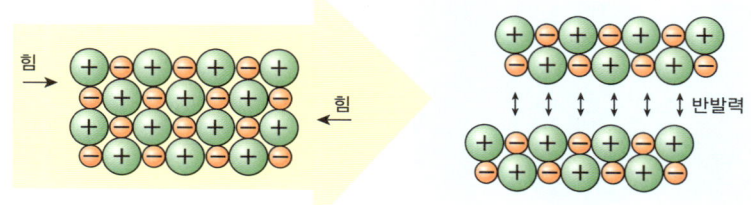

이온결합 물질의 특성 한 가지 더! 이온결합 물질은 대부분 극성 용액에 잘 녹아. 극성 용액에는 +전하와 -전하를 띤 물질이 있기 때문

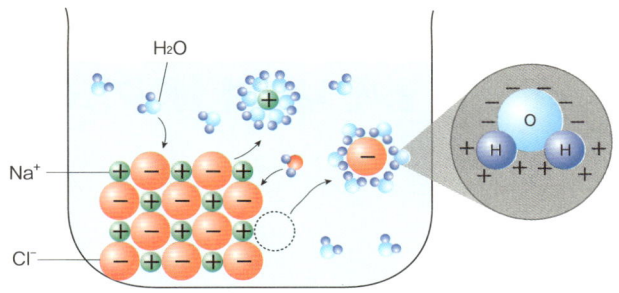

이지. 대표적인 극성 용액이 물이야.

물, 즉 H_2O에서 O는 −전하를, H는 +전하를 띠고 있어. 그래서 NaCl을 물에 넣으면 −전하를 띤 O가 염화나트륨의 Na^+을 끌어당기고, +전하를 띤 H가 Cl^-을 끌어당겨서 NaCl의 결합이 끊어지게 돼. 그런 다음에 Na^+과 Cl^-이 각각 물속으로 녹아 들어가게 되지.

덧붙여, 이온결합 물질은 고체 상태에선 전류가 통하지 않지만 액체 상태에선 이온들이 자유롭게 이동할 수 있으므로 전기 전도성이 있어. 이에 대해서는 9장에서 자세히 얘기해 줄게.

 엄마표간단 정리

- **이온결합**: 전자를 잃은 금속 원자는 +이온이 되고, 전자를 얻은 비금속 원자는 −이온이 된다. 이들 이온이 정전기적 인력으로 서로 잡아당겨서 화합물을 만드는 결합이다.
- **이온결합 화합물의 성질**: 이온 간의 인력이 강해서 상온에서 고체 상태이다. 녹는점, 끓는점이 높고 극성 용매에 잘 녹는다.

7
부족한 만큼 함께 나누며 살아가요

이온결합의 원리는 금속 원자와 비금속 원자가 만났을 때 금속 원자는 양이온으로, 비금속 원자는 음이온으로 변신한 다음에 정전기적 인력에 의해 굳게 뭉친다는 거였어.

그렇다면 비금속 원자와 비금속 원자가 만나면 어떻게 될까? 비금속 원자가 전자를 필요로 하는데, 주위를 아무리 둘러봐도 자신에게 전자를 주기는커녕 모두가 자신과 비슷한 처지의 비금속 원자들만 있을 때 말이야. 이럴 땐 어떻게 해야 할까? 이때 탄생한 방법이 바로 '공유(共有)'야. 전자를 공동으로 소유하는 방법이지. H 원자 2개가 만나서 하나의 분자를 이루는 H_2를 한번 살펴보자고~.

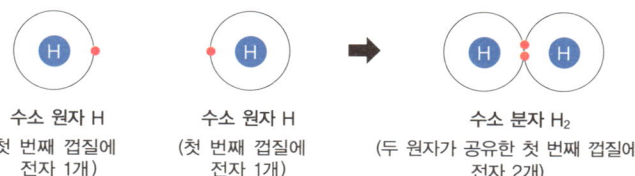

수소 원자 H
(첫 번째 껍질에 전자 1개)

수소 원자 H
(첫 번째 껍질에 전자 1개)

수소 분자 H_2
(두 원자가 공유한 첫 번째 껍질에 전자 2개)

2개의 H 원자가 각각 전자 하나를 내놓아서 한 쌍의 전자쌍을 만들고, 이를 공유해. 그러면 양쪽 원자 모두가 꽉 찬 전자껍질을 갖게 되지. 이게 바로 공유결합이야.

비금속 원자들만 있는 경우, 이온결합과 달리 누구는 양이온이 되고 누구는 음이온이 될 수 없으니까 이런 방법을 취해 안정된 상태를 이루는 거지. 그러면 공유결합의 다른 예를 살펴보자고~. 비금속 원자 H와 비금속 원자 Cl가 만나면 어떻게 될까?

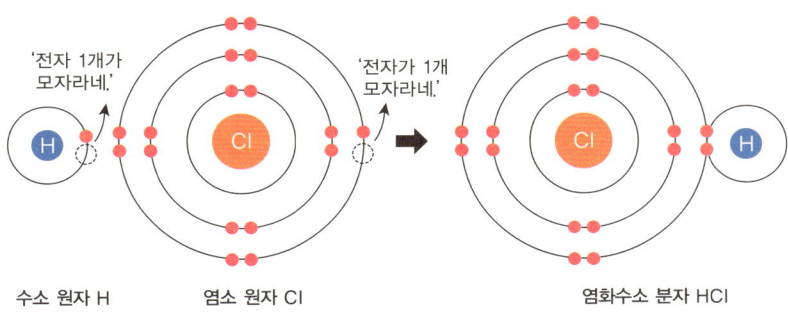

수소 원자 H　　염소 원자 Cl　　　　　염화수소 분자 HCl

원자 번호 1인 H는 첫 번째 껍질을 모두 채우려면 전자 1개가 필요하고, 원자 번호 17인 Cl는 2 - 8 - 7, 즉 세 번째 전자껍질에 전자가 7개 있기 때문에 세 번째 껍질을 채우기 위한 전자 1개가 필요해. 두 원자 모두 전자가 1개씩 필요한 상황이야.

이럴 때 필요한 게 뭐라고? '공유결합'. 각자 공평하게 1개씩 전자를 내놓아서 전자쌍 1개를 만든 후에 '공동 소유'로 하는 거지. 그렇게 하면 수소는 2개의 전자를 갖게 되고, 염소는 18개의 전자를 갖게 되어서 안정한 상태를 이루는 거거든.

자, 이번에는 비금속 원자와 비금속 원자가 만났는데 각각의 원자가 필요로 하는 전자 수가 다른 경우를 생각해 보자. 예를 들면 H 원자와 N 원자가 만난 거지. H 원자는 1개의 전자를, N 원자는 3개의 전자를 필요로 해. 이럴 때는 어떻게 해야 할까?

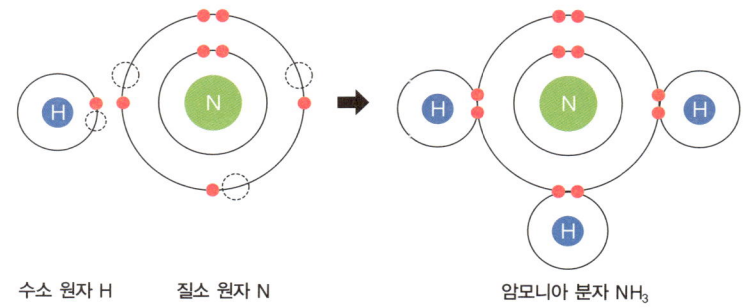

수소 원자 H   질소 원자 N   암모니아 분자 NH_3

결합의 원리만 다를 뿐, 수학적 원리는 이온결합과 비슷해. 원자 각자가 자신이 필요로 하는 전자 수만큼 전자쌍을 만들어 공유결합을 하면 되는 거야. 전자 1개가 부족한 H는 공유결합 하나만 만들면 되고, 전자 3개가 부족한 N는 공유결합 3개를 만들면 되는 거지. 따라서 N 원자 하나당 H 원자 3개와 공유결합을 이루면 돼.

 O 원자와 H 원자가 만났을 때도 마찬가지야. H 원자는 전자가 1개, O 원자는 전자가 2개가 필요해. 따라서 O 원자 하나당 H 원자 2개가 공유결합을 이루면 돼.

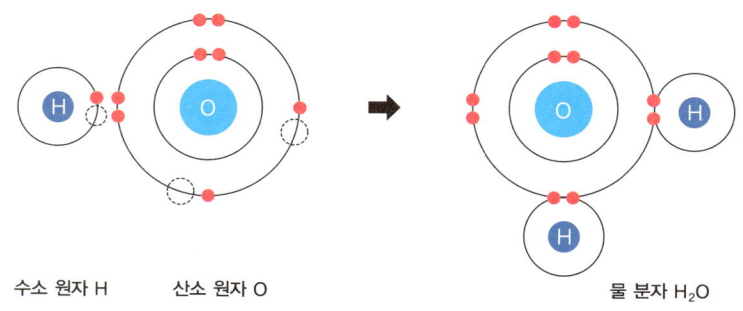

수소 원자 H   산소 원자 O   물 분자 H_2O

여기서 한 가지 더! 두 원자가 반드시 하나의 전자쌍만 공유하라는 법은 없어. 결합 조건만 맞으면 서로가 전자를 2개씩 내놓아서 전자쌍을 2쌍 만들어서 공유할 수도 있고, 전자를 3개씩 내놓아서 전자쌍 3쌍을 공유할 수도 있지. 이때 전자쌍을 2쌍 공유하면 '이중결합', 전자쌍을 3쌍 공유하면 '삼중결합'이라고 해.

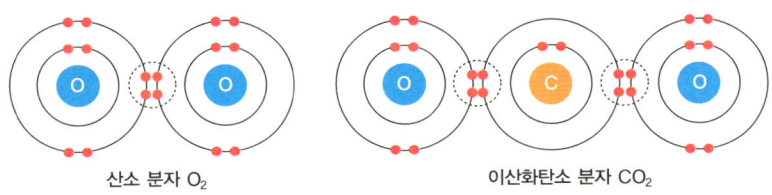

산소 분자 O_2 이산화탄소 분자 CO_2

공유결합의 경우, 각 원자가 아쉬운 만큼의 전자를 다른 원자와 공유하면 더 이상 다른 원자와 주고받을 전자도 없고, 아쉬운 전자도 없게 돼. 한번 결합을 맺으면 더 이상 다른 원자에게 눈 돌릴 여지가 없게 되는 거지. 서로가 상대에게 "나만 바라봐!" 하는 식이야. 이렇게 해서 형성된 단위체가 바로 분자야. 분자식은 분자 한 개에 들어 있는 원자의 종류와 개수를 그대로 표시하면 돼.

질소 분자 N_2 물 분자 H_2O 메탄올 분자 CH_3OH

이온결합 대 공유결합의 차이를 통해 공유결합의 특성을 다시 한

번 살펴보자고~.

 이온결합은 한 원자는 자신이 갖고 있는 전자를 내놓아서 +이온이 되고 다른 원자는 전자를 받아들여서 -이온이 된 다음에 자기와 다른 매력, 즉 상반된 전하에 이끌려 서로 뭉치는 거야. 이온들 각자가 주위에 반대 전하를 가진 이온들이 있으면 능력껏 잡아당기기 때문에 기본 단위라는 게 없어.

 한편 공유결합은 "우리 둘이 공동으로 사용하는 방을 만들어서 거기에 각자가 전자들을 집어넣고 함께 쓰자."라고 계약하는 거야. 일단 계약을 했으면 다른 원자들에게 눈을 돌릴 수 없고 계약을 맺은 동지끼리만 굳게 뭉치게 돼. 이렇게 해서 '분자'가 생기는 거야.

 공유결합을 이루는 NH_3 분자와 이온결합을 이루는 $NaCl$을 비교해보면 NH_3 분자의 N와 3개의 H는 전자쌍을 공유하고 있어서 따로 떼어 낼 수 없는 하나의 단위체를 이루고 있어. 한편 $NaCl$은 Na^+과 Cl^-이 각각 완전한 전자 구조를 갖고 있는 상태에서 정전기적 인력으로 붙어 있기만 할 뿐이지.

 분자 간 인력은 어떨까? 이온결합에서는 모든 입자들이 정전기적

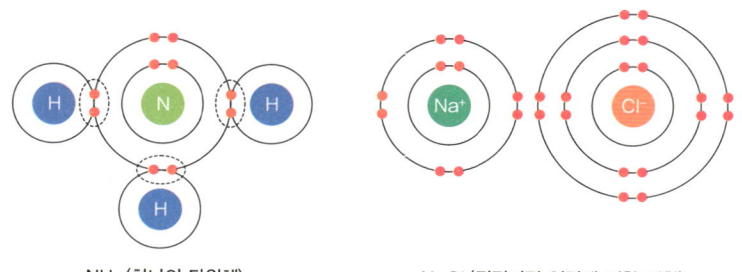

NH_3 (하나의 단위체)　　　　$NaCl$ (정전기적 인력에 의한 결합)

인력으로 서로 단단히 결합되었기 때문에 상온에서 단단한 고체 상태를 이루고 있어. 하지만 공유결합은 분자 내 인력은 강하지만 분자 간 인력이 약해. 앞에서 공유결합 계약을 맺으면 다른 상대에게 (다른 원자나 분자에게) 눈 돌릴 수 없다고 했던 것, 기억나지? 따라서 공유결합 화합물은 상온에서 액체 또는 기체 상태인 경우가 대부분이야.

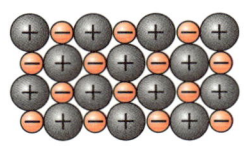
이온결합

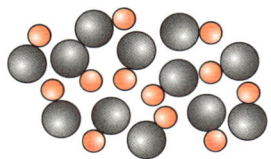
공유결합

 엄마표 간단 정리

- **공유결합**: 비금속 원자와 비금속 원자가 각각 전자를 내놓아 '전자쌍'을 만들고, 이 전자쌍을 공유함으로써 양쪽 모두가 꽉 찬 전자 구조를 갖게 되는 결합이다.
- **공유결합 화합물의 성질**: 분자 간 인력(결합)이 약해서 이온결합에 비해 녹는점, 끓는점이 낮다. 따라서 상온에서 대부분 액체 또는 기체 상태이다.

8
전자의 바다에서 헤엄을 쳐요

 금속결합은 고등학교 때 배우는 내용이지만, 이왕이면 '결합'을 배울 때 한꺼번에 알아 두는 게 더 좋아. 그 편이 이해하기가 훨씬 쉽거든. 잠깐 앞에서 배운 금속류 원자들의 특징을 떠올려 보자고~.

 금속류 원자들은 가장 바깥껍질에 전자가 한두 개밖에 없기 때문에 가지고 있는 전자를 버리고 안정한 상태가 되려는 성질이 있지. 원자 번호 12인 Mg을 한번 살펴보자고~. 전자 배열이 원자핵에 가까운 껍질에서부터 2 - 8 - 2. 가장 바깥껍질의 전자가 2개니까 전자 2개를 버리고 안정화되는 게 더 쉬울 거야.

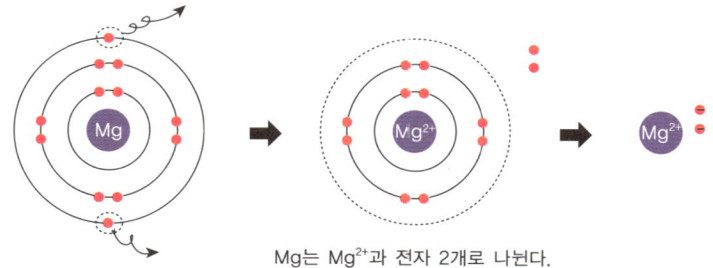

Mg는 Mg^{2+}과 전자 2개로 나뉜다.

 그런데 Mg 주변의 원자들이 모두 금속 원자라면 어떻게 될까? Mg이 버린 전자를 받기는커녕 너도나도 전자를 버리려고 한다면, +전하를 띤 입자 사이를 -전하를 띤 전자들이 돌아다니면서 전체가 강

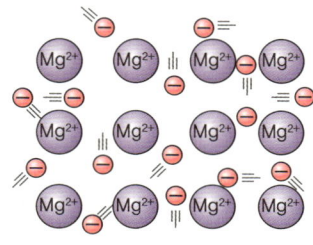

Mg의 전자바다 모형

하게 결합돼. 마치 수많은 자갈 사이를 시멘트로 메운 것처럼 말이야. 이게 바로 금속결합의 '전자바다' 모형이야. 그리고 이때 금속 양이온 사이를 자유롭게 돌아다니는 전자를 자유전자라고 해.

전자바다 모형은 다음과 같이 금속의 성질을 잘 말해 주고 있어.

- +전하를 띤 입자들 사이로 −전하를 띤 전자가 자유롭게 이동한다. → 전류가 잘 흐른다.
- 물질 전체가 강하게 연결되어 있다. → 녹는점, 끓는점이 높다.
- 전자들이 입자 사이를 자유롭게 이동하기 때문에 유연성이 강하다. → 힘을 주면 부러지지 않고 구부러진다.

금속결합은 양이온이 내놓은 전자들이 자유롭게 돌아다니는 구조이기에 단위, 즉 분자로 나눌 수 없어. 따라서 분자식은 존재하지 않지.

 엄마표간단 정리

- 금속결합: 금속 원자와 금속 원자가 만났을 때 −전하를 띤 전자들이 +전하를 띤 금속 원자 사이를 떠돌아다니면서 금속 전체를 연결하는 결합이다.
- 금속결합 화합물의 성질: ① 자유전자의 이동에 의해 전류가 잘 흐른다. ② 녹는점, 끓는점이 높기 때문에 상온에서 고체 상태다. ③ 유연성이 강하다.

 **read** 화합물, 대체 끝이 어디야?

고분자 화합물(高分子 化合物)은 분자량이 1만이 넘는 아주 큰 분자들을 뜻해. 영어로는 'high molecular compound'라고 해.

"분자량이 1만이라고? 구조가 얼마나 복잡할까? 그걸 언제 다 세지?"

걱정하지 않아도 돼. 대부분 고분자 화합물은 원자들이 무질서하게 얽혀 있는 구조가 아니라 작은 구조 단위가 반복되는 폴리머(polymer) 형태거든. 초기 단위 물질인 단량체(monomer)가 2개 모이면 이량체(dimer)가 되고, 3개 모이면 삼량체(trimer)…, 이런 식으로 계속 모여서 고중합체, 즉 폴리머가 되는 거지. 이러한 화학 반응을 중합(polymerization)이라고 해.

고분자 화합물은 저분자 화합물과는 달리 구조 단위가 엄청나서 그 수를 셀 수 없거나 같은 화합물끼리도 분자량에 다소 오차가 생기는 경우가 있어. 그래서 고분자 화합물의 분자량은 정확한 분자량이라기보다는 평균 분자량을 일컫는 경우가 많아. 또 분자가 워낙 크다 보니 기체로 변하기가 어려워. 고분자 화합물을 '끓이기 위해' 에너지를 계속 가하면 기체 상태가 되어 날아가기 전에 분자 내 결합 자체가 끊어지는 경우가 대부분이야. 물

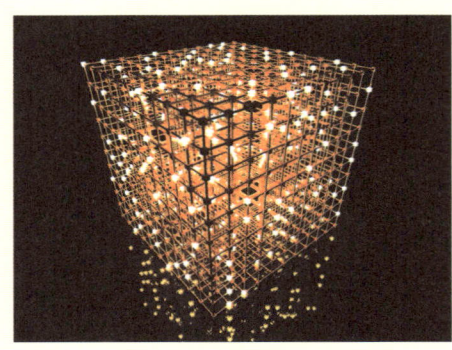

고분자 화합물의 구조 예

질이 분해되는 거지. 이 역시 분자가 거대하기 때문에 일어나는 현상이야.

그리고 한 가지 더! 대부분의 고분자 화합물들은 탄소를 기본으로 하여 이루어진 공유결합 물질이야.

아래 그림은 고분자 화합물의 기본적인 단위체야. 빈칸에 무엇이 들어가느냐에 따라 만들어지는 폴리머가 달라져. H가 들어가면 폴리에틸렌이 만들어지고, Cl가 들어가면 폴리염화비닐, 즉 우리가 흔히 PVC라고 부르는 물질이 만들어져.

$$\left(\begin{array}{cc} H & H \\ | & | \\ C & C \\ | & | \\ H & | \end{array}\right)_n$$

고분자 화합물은 사슬 구조 고분자와 그물 구조 고분자가 있어. 사슬 구조 고분자는 유연성이 있어서 섬유로 이용되는 경우가 많고, 그물 구조는 분자들이 단단하게 얽혀 있기 때문에 합성수지로 사용되는 경우가 많아.

자연 상태에서 존재하는 고분자 물질을 천연 고분자 화합물이라고 하는데, 천연 고분자에는 단백질, 천연고무, 녹말, 셀룰로오스 등이 있어. 그리고 사람이 인위적으로 만들어 낸 합성 고분자 물질에는 페트병이나 플라스틱, 비닐 포장 등이 있어. 이러한 제품들에는 하나같이 PE, PVC, PET 같은 글자가 찍혀 있을 거야. poly~로 시작하는 합성 고분자 물질이라는 뜻이지. 합성 고분자 물질을 흔히 합성수지라고도 해. 밀폐 용기, 안경테, 칫솔, 1회용 도시락 용기 등 일상생활에서 '편리하다, 가볍다, 잘 안 부서진다, 저렴하다…'라는 표현이 들어간 물건의 대부분은 합성수지로 만들어졌다고 해도 과언이 아닐 거야.

check 문제 풀며 확인하기

1. 다음 표는 물질을 분류해 놓은 것이다. 물음에 답하시오.

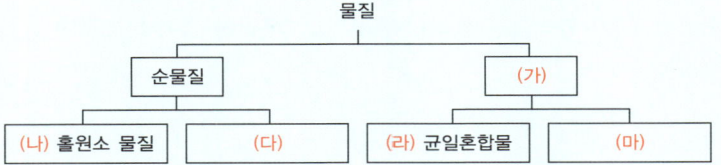

1) 각각의 빈 칸에 해당되는 말을 적으시오.
2) (나)~(마) 중 다음 질문에 해당되는 것을 고르시오.
① 증류수는 어디에 해당하는가?
② 우유는 어디에 해당하는가?
③ 녹는점, 끓는점이 일정한 것을 고르시오. (2개)

2. 다음 중 이온결합 화합물에 대한 설명으로 틀린 것을 고르시오.
① 양이온과 음이온 사이의 정전기적 인력에 의해 결합하여 형성된 물질이다.
② 이온결합 화합물은 고체일 때는 부도체이다.
③ 각 이온은 화합물을 만들면서 각자 부족한 전자를 서로 함께 소유한다.
④ 양이온과 음이온이 끊임없이 반복하여 결합했기 때문에 단위 분자가 없다.
⑤ 녹아서 액체가 되면 전류가 흐른다.

3. 다음 중 공유결합에 대한 설명으로 틀린 것을 고르시오.
① 비금속원소끼리 만났을 때 이루어진다.

② 공유결합으로 이루어진 물질은 이온결합 화합물에 비해 녹는점과 끓는점이 낮다.
③ 원자들이 공유결합을 하여 형성된 단위 입자를 분자라고 한다.
④ 동일한 원소끼리는 이루어지지 않는다.

4. 금속인 나트륨을 비금속 물질과 반응시켰을 때 형성된 화합물의 화학식이 틀린 것은?

① Na_2O　　　② NaF　　　③ NaS　　　④ $NaCl$

5. 다음 주기율표를 보고 물음에 답하시오.

주기\족	1	2	3~12	13	14	15	16	17	18
1	H 수소								He 헬륨
2	Li 리튬	Be 베릴륨		B 붕소	C 탄소	N 질소	O 산소	F 플루오린	Ne 네온
3	Na 나트륨	Mg 마그네슘		Al 알루미늄	Si 규소	P 인	S 황	Cl 염소	Ar 아르곤
4	K 칼륨	Ca 칼슘							

금속　　비금속　　검은 글씨: 고체　　파란 글씨: 기체

1) 위의 원소들 중 같은 원소끼리 결합하여 분자 형태로 존재할 수 있는 것은?

① Be　　　② O　　　③ Al　　　④ Ar

2) 위 주기율표에서 　　 칸에 속해 있는 원소들에 대한 설명으로 맞는 것은? (2개)

① 자신이 갖고 있는 전자를 버려서 안정된 구조를 가지려고 한다.
② 상온에서 액체 상태이다.
③ 자유롭게 움직이는 전자들로 인해 전기가 통한다.
④ 충격을 가하면 전자들의 반발력 때문에 쉽게 깨진다.

8장

Chemistry

물질의 특성

　어지르기는 쉬워도 정리하긴 어렵듯이, 여러 가지 물질들을 한데 섞긴 쉬워도 각각의 성분물질로 분리하기란 까다로우면서도 기술이 필요한 작업이야. 이때 각 성분물질의 성질을 이용하면 좀 더 쉽게 분리할 수 있어. 톱밥과 철가루 혼합물을 분리하기 위해 자석을 이용하는 것처럼 말이야.

　우리는 이미 녹는점과 어는점, 끓는점 등 물질의 화학적인 특성 몇 가지를 배웠어. 이 장에서는 그러한 특성을 이용해 물질을 분리하는 방법과 화학적인 특성을 이용해 만든 몇몇 재미있는 물건도 만날 수 있을 거야. 참, 물질의 용해도와 불꽃 반응도 빼놓을 수 없지.

　사실 우리 주위에는 순물질보다는 여러 가지 물질이 복잡하게 얽혀 있는 혼합물들이 훨씬 더 많아. 정체를 알 수 없는 혼합물을 만나면, 물질의 화학적 특성을 이용해 하나하나 실타래를 풀듯 구성 물질들을 분리해 내는 과정이 얼마나 중요하고 재미있는 일인지 느껴봤으면 해.

1 물질의 정체를 파헤쳐 봐요

 물질은 알다시피 여러 가지 성질을 갖고 있어. 색깔, 부피, 질량, 끓는점, 녹는점, 밀도, 점성 등등. 그리고 이러한 성질들은 '크기 성질'과 '세기 성질'로 나눌 수 있어.

 먼저 크기 성질(extensive property)은 질량, 부피, 열용량처럼 물질의 양에 따라 그 값이 달라지는 성질이야. 반면에 세기 성질(intensive property)은 색깔, 녹는점, 끓는점, 밀도, 비열처럼 물질의 양에 상관없이 항상 일정한 값을 가지는 성질이야. 한마디로 세기 성질은 그 물질이 갖는 고유의 성질이야. 그래서 그 물질의 '특성'이라고 따로 떼어서 말하기도 해.

 여기에 물이 한 컵 있어. 이 물의 질량은 200g, 부피는 200ml야. 그 옆에 참기름 병도 있어. 적당한 양을 덜어 내면 참기름 200g을 만들 수 있을 거야. 또는 물과 동일한 부피, 즉 참기름 200ml를 만들 수도 있지. 부피와 질량은 그 값을 조절할 수 있는 크기 성질이거든.

 하지만 참기름을 가지고 물의 맛이나 색깔을 흉내 낼 수 있을까? 천만에. 아무리 참기름의 양을 조절해도 그건 불가능해. 맛이나 색깔은 물의 세기 성질이자 물의 특성이거든.

 여기서 잠깐! 녹는점, 끓는점, 밀도 등은 일상에서 흔히 보고 사용

8장 물질의 특성 269

하는 말이니 건너뛰고, 많은 사람들이 헷갈려 하는 열용량과 비열에 대해 간단히 설명해 줄게. 먼저 열용량은 물질의 온도를 1℃ 높이는 데 필요한 열량이야. 따라서 측정하려는 물질의 양에 따라 그 값이 달라지지. 그리고 비열은 물질 1g의 온도를 1℃ 높이는 데 필요한 열량이야. 기준이 되는 양을 정해 놨기 때문에 현재의 양과는 상관없이 일정한 값을 가지지.

 세기 성질 중에서도 우리의 감각으로 구별할 수 있는 성질을 '겉보기 성질'이라고 해. 색깔이나 냄새, 맛, 촉감 등이 겉보기 성질에 해당하지. 하지만 사람의 감각은 오차가 많고 정확하지 않기 때문에 겉보기 성질만 가지고는 정확한 측정값을 얻기 어려워. 또 독성 물질인지도 모르고 맛을 보겠다며 입에 넣었다간 생명이 위험해질 수도 있어. 따라서 물질의 특성을 알아볼 때 겉보기 성질은 보조적인 자료로만 참조하고, 도구 및 기계 등을 이용하는 게 안전하면서도 정확한 결과를 얻을 수 있는 방법이란다.

 엄마표 간단 정리

- 물질의 성질에는 '크기 성질'과 '세기 성질'이 있다.
- 세기 성질은 해당 물질이 갖고 있는 고유한 성질이다. 그중에서도 사람의 감각으로 알아볼 수 있는 성질을 '겉보기 성질'이라고 한다.
  ┌ 크기 성질 − 부피, 질량, 열용량 등
  └ 세기 성질 ┌ 색깔, 맛, 냄새, 촉감 등 → 겉보기 성질
             └ 끓는점, 녹는점, 밀도, 비열, 용해도 등

2 녹는점과 어는점은 같아요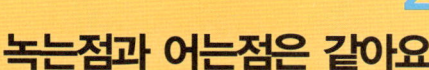

여기 초콜릿이 군데군데 박혀 있는 과자가 있어. 과자에서 초콜릿만 분리하려면 어떻게 해야 할까? 여러 방법이 있겠지만, 그중 하나로 과자를 잘게 부순 다음에 가열하는 방법이 있어. 그러면 과자는 그대로 있고 초콜릿만 녹아서 흘러나올 거야. 그 이유는 초콜릿이 과자보다 먼저 녹기 때문이야. 즉 초콜릿의 녹는점이 과자보다 낮아.

녹는점은 물질이 고체 상태에서 액체 상태로 변하는 동안 일정하게 유지되는 온도야. 반대로 액체 상태에서 고체 상태로 변하는 동안 일정하게 유지되는 온도는 어는점이고. 동일한 물질의 경우, 녹는점과 어는점이 같지.

〈동일한 물질의 가열 곡선과 냉각 곡선〉

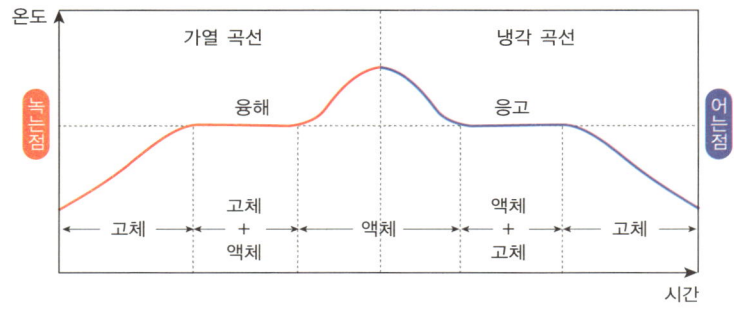

물질의 상태가 변할 때 온도가 일정하게 유지되는 이유는 그 시간 동안에 오가는 열이 모두 상태 변화(고체→액체)에 쓰였거나 상태 변화(액체→고체) 중에 열이 방출되기 때문이야. 잘 모르겠다면 이 책 '3장 상태 변화' 부분을 다시 한 번 읽어 보기를. 거기서 자세하게 다뤘던 내용이거든.

녹는점과 어는점은 물질의 양과는 상관없이 물질의 종류에 따라 제각각인 값이야. 즉 녹는점과 어는점은 물질의 특성이란다. 물질에 따라 녹는점과 어는점이 다른 까닭은 둘질을 구성하고 있는 분자 간에 작용하는 인력의 크기가 다르기 때문이야. 분자 간 인력이 클수록, 다시 말해 물질을 이루는 입자 간 연결이 강할수록 그 연결을 끊기

녹는점을 활용한 물건으로는 뭐가 있을까?

녹는점을 이용해 만든 대표적인 물건으로는 전기 제품의 주요 부품인 퓨즈가 있어. 퓨즈는 납과 주석 등의 혼합물로 만든 건데 녹는점이 매우 낮지. 전자 기기는 강한 전류가 흐르면 고장이 날 수 있거든. 그래서 만든 게 퓨즈야. 강한 전류가 들어오면 곧바로 퓨즈가 녹으면서 전류의 흐름을 끊게 돼.

반대로 녹는점이 높은 물질을 사용한 예로는 물건의 모양을 만들기 위한 틀인 거푸집이 있어. 냄비나 솥 등 쇠로 된 물건을 만들 때 사용하지. 거푸집은 뜨거운 쇳물을 부어도 녹지 않아야 하기 때문에 돌이나 스테인레스 등 녹는점이 아주아주 높은 물질로 만들어.

위해 많은 에너지를 가해야 해서 녹는점과 어는점이 높아지게 돼.

여기서 잠깐! 물질의 양이 많을수록 많은 열이 필요하다고 해서 물질의 양이 많으면 녹는점이 높아진다고 생각하면 안 돼. 예를 들어 $100g$짜리 얼음과 $1kg$짜리 얼음이 있다고 치자. 두 개 중에서 녹는데 더 많은 에너지가 필요한 건 $1kg$짜리 얼음이야. 하지만 두 얼음 모두 녹는점은 0℃로 동일해. $1kg$짜리 얼음이 더 많은 에너지를 필요로 하는 이유는 덩치가 크기 때문에 녹여야 할 입자 수가 많아서라고. 헷갈리지 말도록!

참고로 1기압일 때 몇 가지 주요 물질의 녹는점(=어는점)은 다음과 같다.

물질	녹는점(=어는점) (℃)	물질	녹는점(=어는점) (℃)
철	1535	얼음	0
구리	1083	수은	−39
금	1065	메탄올	−98
은	962	질소	−210
아연	419	산소	−218
납	327	수소	−259

엄마표간단 정리

- 녹는점과 어는점은 물질에 따라 다른 세기 성질이다.
- 녹는점과 어는점은 분자 간 인력의 크기에 의해 결정된다.

3 끓는점은 압력의 눈치를 많이 봐요

액체가 기체로 될 때의 온도를 끓는점이라 하고 기체가 액체로 될 때의 온도를 액화점이라고 해. 녹는점과 어는점이 같은 것처럼 끓는점과 액화점의 온도도 같아. 예컨대 물의 끓는점도 100℃이고 수증기의 액화점도 100℃이지.

끓는점 또한 물질의 종류에 따라 달라. 끓는점이 낮은 질소, 수소 등은 상온에서 기체로 존재하지만 끓는점이 높은 금, 알루미늄 등의 금속은 3000℃ 정도에서 기체 상태가 돼. 물질의 양과도 상관이 없어. 물 1*l*와 100*l* 모두 끓는점은 100℃야. 다시 말해 끓는점은 물질의 양과는 관계없는 '세기 성질'이자 물질의 특성이지.

참고로 1기압일 때 몇 가지 주요 물질의 끓는점(=액화점)을 살펴보면 다음 표와 같아.

물질	끓는점(=액화점) (℃)	물질	끓는점(=액화점) (℃)
금	2856	벤젠	80
알루미늄	2519	에탄올	78
염화나트륨	1413	암모니아	−33
수은	357	질소	−196
물	100	수소	−253

끓는점에는 두 가지 요인이 작용해. 첫째, 물질의 **분자 간 인력**이야. 분자 간에 끌어당기는 힘이 강할수록 결합을 끊는 데 많은 에너지가 필요하고, 그에 따라 끓는점도 높아져. 둘째, **주변의 압력**이야. 동일한 물질이라도 기압이 달라지면 끓는점도 달라져.

여기서 이런 의문이 들 수도 있어. 녹는점과 끓는점 둘 다 물질의 '상태 변화'와 관련이 있는데, 왜 하나는 기압과 상관없이 일정한 값을 가지고 다른 하나는 기압의 영향을 많이 받을까 하고 말이지.

액체가 든 두 개의 비커가 있는데 하나는 공기 밀도가 높은 곳에 있고, 다른 하나는 공기 밀도가 낮은 곳에 있다고 치자. 비커 안의 액체 분자들이 기화가 되려면 주변의 공기 분자를 뚫고 나가야 하는데, 공기 밀도가 높으면 당연히 뚫고 나가기가 어렵겠지. 따라서 더 많은 에너지가 필요할 것이고, 결국 더 높은 온도까지 가열해야 하니까 끓는점이 높아지는 거지. 반면에 주변의 공기 밀도가 낮은 경우에는 액체 표면을 누르고 있는 기체 분자의 수가 적기 때문에 액체 분자가 주변 공기 속으로 들어가기가 훨씬 수월해. 그렇다 보니 적은 에너지만 가해도 끓게 되는 거지. 즉 끓는점이 낮아지는 거야.

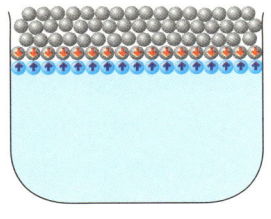
주변의 공기 밀도가 높을 때

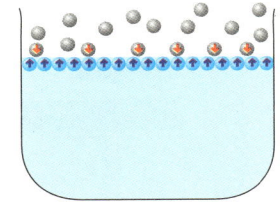
주변의 공기 밀도가 낮을 때

압력에 따라 끓는점이 달라지는 예를 우리 주변에서 찾아보면 '산꼭대기에서 밥 짓기'를 들 수 있어. 고도가 높은 곳은 기압이 낮기 때문에 물이 100℃보다 낮은 온도에서 끓게 돼. 그래서 밥이 설익는 거지. 주방에서 볼 수 있는 압력솥은 그 반대야. 압력솥은 뚜껑에 잠금장치를 해 놨기 때문에 솥 안의 액체가 끓어올라 기체가 되어도 외부로 나가지 못하고 그 안에 계속 머물기 때문에 내부 압력이 높아지고, 따라서 끓는점이 점점 높아지게 돼. 압력솥 안에서는 물의 끓는점이 120℃까지 높아진다나? 따라서 밥은 물론이고 요리가 더 높은 온도에서 빨리 익게 되는 거야.

계란 프라이를 할 때 물기가 들어가면 기름이 펑 튀는 이유는?

어린콩 오늘 아침에 말이야, 엄마 대신 아침 준비를 하려고 계란 프라이를 했어. 가스레인지를 켜고 프라이팬에 식용유를 두르고…. 그런데 어쩌다 물 몇 방울이 프라이팬에 들어갔는데, 그 순간 프라이팬의 기름이 펑펑 밖으로 튀어서 깜짝 놀랐지 뭐야. 왜 갑자기 기름이 튄 거지?

꼼이 그건 물 때문이야. 식용유의 끓는점은 약 240℃. 물보다 훨씬 높아. 이렇게 뜨거워진 식용유에 물이 들어가면 처음에는 물이 식용유보다 밀도가 크기 때문에 밑으로 가라앉아. 하지만 뜨거운 식용유에 의해 금세 기화되어 수증기가 되지. 기체가 된 수증기가 액체인 기름을 뚫고 밖으로 나가려고 하면서 주위의 식용유가 펑! 하고 튀게 되는 거야.

4. 빨리 끓는 물질이 먼저 빠져나와요

'모든 물질은 각기 끓는점이 다르다.' 화학에서 이 법칙을 이용한 게 바로 증류와 분별증류야. 분별증류란 액체 상태의 혼합물을 가열해서 각 성분을 분리하는 것을 말해.

참고로 물과 참기름처럼 서로 잘 섞이지 않는 액체 혼합물은 가만히 놓아두면 밀도가 작은 기름이 위로, 밀도가 큰 물이 아래로 내려가서 저절로 분리가 돼. 이런 경우에는 두 액체를 분별깔때기로 분리할 수 있어.

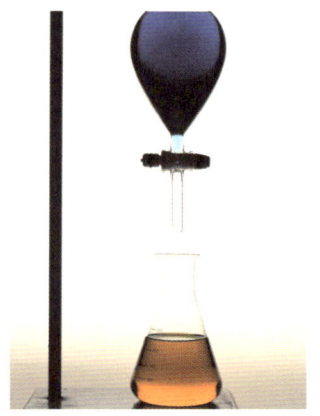

하지만 물과 알코올처럼 서로 잘 섞이는 액체는 아무리 오랜 시간 놓아두어도 분리되지 않기 때문에 분별깔때기를 사용할 수 없어. 이럴 때 쓰는 방법이 증류야. 증류는 단순증류와 분별증류로 나눌 수 있어.

단순증류는 액체+고체 혼합물을 분리할 때 사용하는 방법이야. 혼합물을 가열하여 용매를 증발시키는 거지. 소금물을 가열하면 물은 증발하고 소금만 남겠지? 증발하는 수증기는 따로 모아 냉각시키면 다시 물이 돼.

분별증류는 액체＋액체 혼합물을 분리할 때 사용하는 방법이야. 액체마다 끓는점이 각각 다르다는 걸 이용하는 거지. 액체 혼합물을 가열하면 끓는점이 낮은 액체부터 증발하겠지? 그때마다 나오는 액체들을 따로따로 모은 후에 냉각시키는 거야.

그러면 다음 그래프를 보면서 물과 에탄올의 혼합용액을 분별증류로 분리해 보자고~.

물과 에탄올의 혼합물을 가열하면 온도가 점점 높아지다가 78℃에서 에탄올이 끓으면서 기체가 되어 나와. 하지만 물은 끓지 않기 때문에 여전히 액체로 남아 있지.

그렇게 해서 에탄올이 모두 빠져나가고 물만 남게 되면 다시 온도가 올라갈 거야. 물의 끓는점인 100℃가 되면 이번에는 물이 끓어서

〈물과 에탄올 혼합용액의 가열 곡선〉

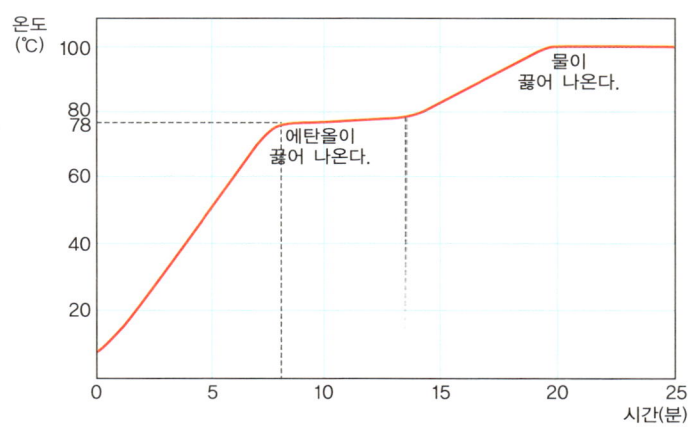

기체가 되어 나오게 되지.

 간단하다고? 하지만 사실은 그렇게 쉽지만은 않아. 방금 전에 이야기한 건 이론적인 얘기고, 실제로 해 보면 에탄올이 끓을 때 에탄올보다 끓는점이 높은 물 또한 조금씩 끓으면서 기체로 나오거든. 특히 액체 혼합물의 경우에는 일반적인 증류장치로는 한번에 분리하기가 어려워. 그래서 사용하는 게 바로 분별증류장치야.

 분별증류장치의 핵심은 바로 유리 도막이야. 유리 도막은 혼합물의 증류를 여러 번 되풀이하게 하는 효과가 있어. 온도를 높여서 액체가 끓는점에 도달했을 때 기체가 되어 올라오다가 차가운 유리 도막을 만나면 다시 액체가 돼. 그랬다가 계속 열을 받으면 다시 기체가 되어 위로 올라가다가 유리 도막을 만나 식으면서 액체가 되고…. 이런

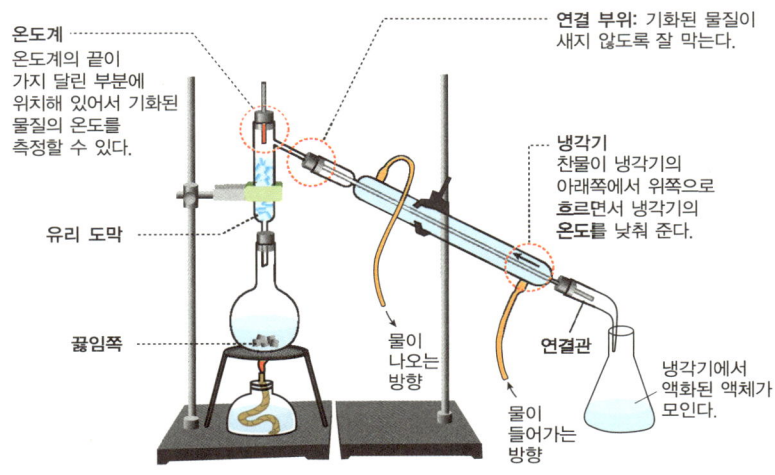

〈분별증류장치〉

과정을 되풀이하면서 액체가 여러 번 증류 과정을 거치는 거야. 유리 도막이 혼합물의 완벽한 분리가 이루어지도록 도와주는 거지.

참, 유리 도막과 액체가 갑자기 끓어넘치는 것을 방지하는 역할을 하는 끓임쪽을 헷갈리면 안 돼.

끓임쪽이 뭐지?

액체를 급하게 가열할 경우 끓는점 이상이 되어도 끓지 않고 가만히 있는 일이 종종 발생하는데, 이를 '과가열 상태'라고 해. 흐흐, 귀신의 장난일까? 물론 아니야. 과가열 상태는 겉으로 보기엔 잠잠하지만 실제로는 아주 불안정한 상태거든. 외부에서 살짝 충격을 주거나 먼지가 내려앉는 순간, 그걸 기점으로 아주 큰 기포가 생기면서 폭발적으로 끓어넘치게 돼. 이게 바로 '돌비(bumping) 현상'이야.

끓임쪽은 바로 이런 과가열 상태를 방지하는 거야. 끓임쪽은 아주 작은 구멍들이 많이 있는 물체야. 액체의 온도가 올라가면 이 구멍 속의 공기가 팽창하면서 기포를 형성해서 구멍 밖으로 나오게 돼. 이 기체들이 액체 내부의 기체들과 뭉치면서 위로 상승해 액체가 자연스럽게 끓어오르게끔 하는 거지.

5 보이지 않으면 골고루 섞인 거예요

 밀가루 한 숟갈을 물에 넣고 저으면 뿌옇게 되지만, 설탕 한 숟갈을 물에 넣고 저으면 설탕 알갱이가 사라지면서 투명해지는 걸 볼 수 있어. 왜냐고?

 설탕을 물에 넣으면 설탕 분자들이 하나하나 분리되어서 물 분자들 사이에 섞이게 돼. 설탕 분자 하나는 아주아주 작기 때문에 우리 눈에는 보이지 않지. 그렇다고 설탕이 없어지거나 성질이 변한 것은 절대 아니야. 설탕물의 무게는 설탕과 물의 무게를 합친 것과 같아. 또 설탕물의 맛을 보면 설탕 본래의 특성인 단맛이 나. 그뿐 아니라 설탕물을 중탕시켜 물을 증발시키면 다시 설탕을 얻을 수 있어. 이처럼 하나의 물질이 다른 물질에 골고루 섞이는 현상을 용해라고 불러.

 용해에 대해 조금 더 자세히 설명해 줄게. 설탕을 물에 넣으면 물

〈설탕이 용해되는 과정〉

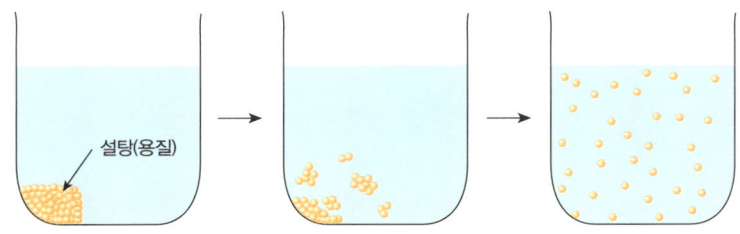

8장 물질의 특성 281

분자와 설탕 분자 사이에 강한 인력이 작용해. 물과 설탕 사이의 인력은 설탕 분자끼리의 인력보다 훨씬 강해서 설탕 분자가 하나씩 떨어져 나와서 물 분자와 섞이게 돼. 화학 용어로 이야기하자면, 용질과 용매 사이의 인력이 용질 입자끼리 혹은 용매 입자끼리의 인력보다 클 때 용해가 잘 일어나. 그리고 용해 현상에 의해 골고루 섞인 혼합물은 '용액'이라고 불러.

용액은 균일혼합물이야. 균일하게 섞인 게 어떤 거냐고? 혼합물을 만들었을 때 불순물 없이 투명하게 보이면 균일하게 섞인 거야. 단, 용질의 특성에 따라 색깔을 띨 수도 있어.

여기서 유의할 것 하나! 용질이 용매에 녹을 수 있다고 해서 한도 끝도 없이 녹을 수 있는 건 아냐. 일정 온도에서 일정량의 용매에 녹을 수 있는 용질의 양은 정해져 있단다.

한 컵의 물에 설탕을 계속 넣으면서 젓다 보면 어느 정도까지는 녹다가 어느 순간부터는 설탕이 더 이상 물에 녹지 않고 가라앉게 돼. 이처럼 어떤 온도에서 일정량의 용매에 용질이 더 이상 녹을 수 없을 만큼 최대로 녹아 있을 때 그 용액을 '포화용액'이라고 해. 포화용액보다 적은 양의 용질이 녹아 있는 용액은 '불포화용액'이라 하고.

용액 속에 녹아 있는 용질의 양은 용액의 농도로 나타낼 수 있어. 일상생활에서 흔히 사용

용액은 입자가 보이지 않는 투명한 상태여야 한다.

하는 퍼센트 농도(%)는 용액 100g 속에 녹아 있는 용질의 질량(g)을 %로 나타낸 값이야.

$$용액의\ 농도(\%) = \frac{용질의\ 질량}{용액의\ 질량} \times 100$$

여기서 잠깐! 용액이 뭐라고? 용액은 '용매+용질'이야. 잊지 마! 용액의 농도를 계산할 때 방심하는 경우가 많더라고.

농도와 용해도는 같은 걸까, 다른 걸까?

농도와 용해도는 다른 거야. 농도는 용액 속에 용질이 얼마만큼 녹아 있는지를 나타낸 수치야. 용질을 얼마만큼 넣었느냐에 따라 농도가 달라지지. 하지만 용해도는 주어진 온도에서 용매 100g에 최대로 녹을 수 있는 용질의 질량을 g 수로 나타낸 값이기 때문에 동일한 조건이라면 항상 일정한 값을 가지게 돼. 용해도는 용질 또는 용매에 따라 다르기 때문에 물질의 특성이 돼. 참고로 같은 용질과 용매를 사용해도 온도에 따라 용해도가 다르다는 사실, 잊지 말렴!

물질마다 용해도가 다르다는 걸 이용해서 물질을 분리할 수도 있어. 질산칼륨과 염화나트륨의 용해도 곡선을 보면서 얘기해 줄게.

물 100g에 질산칼륨 40g과 염화나트륨 40g을 넣고선 둘 다 완전히 녹을 때까지 가열하는 거야. 그 후에 불을 끄고 천천히 10℃까지 식히면 어떻게 될까?

두 물질의 용해도 곡선을 보면 10℃에서 질산칼륨의 용해도는 20이야. 즉 물 100g에서 질산칼륨 20g이 녹을 수 있다는 말이야. 한편 10℃에서 염화나트륨의 용해도는 40에 가까워. 물 100g에서 염화나트륨 40g이 녹는다는 거지. 따라서 염화나트륨의 경우 10℃가 되어도 처음에 넣었던 40g이 계속 녹아 있지만 질산칼륨은 20g만 녹을 수 있기 때문에 나머지 20g은 고체 상태로 추출되지. 혼합용액을 천천히 식히면 서서히 알갱이가 보이는데, 이게 바로 질산칼륨이야.

이처럼 온도에 따른 용해도의 차를 이용해서 고체 혼합물을 분리하는 방법을 '분별결정(分別結晶, fractional crystallization)'이라고 해.

〈질산칼륨과 염화나트륨의 용해도 곡선〉

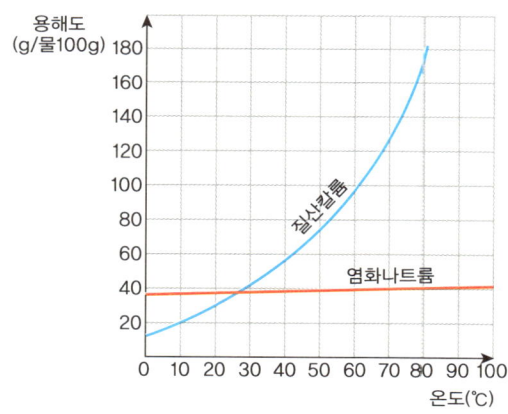

기체의 용해도는 고체와 정반대예요

6

고체의 용해도에서 말이야, 고체의 종류에 따라 용해되는 정도는 달라도 공통된 점이 하나 있어. 그건 바로 온도가 높을수록 많이 녹는다는 점이야.

그런데 기체는 고체와 정반대야. 냉장고에서 콜라를 꺼내 컵에 따라 놓으면 기포가 생겨. 이 기포는 바로 콜라에 녹아 있던 이산화탄소가 분리되어 나오는 거야. 차가운 냉장고에서는 콜라 안에 녹아 있다가 따뜻한 실내로 나오니까 더 이상 녹아 있지 못하고 공기 중으로 빠져나오는 거지.

차가운 콜라

따뜻한 콜라

〈1기압일 때 온도에 따른 산소의 용해도 곡선〉

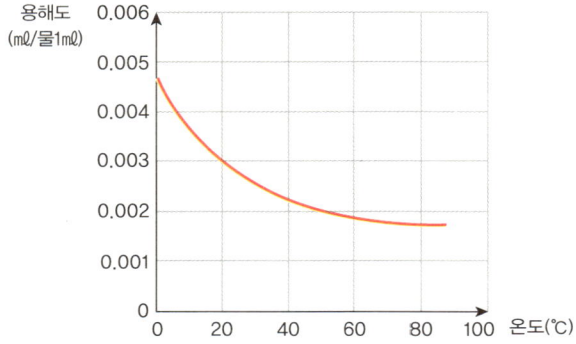

다른 기체들도 마찬가지야. 기체의 종류는 달라도 온도가 높을수록 액체에 대한 기체의 용해도는 감소해. 왜 그러냐고?

기체는 온도가 높을수록 분자가 활발하게 움직이지. 분자들 각자가 몸이 근질근질해지면서 활발하게 운동하고 싶어 한다고. 그래서 온도가 높아지면 기체의 부피가 증가하는 거야. 기체 분자의 활동 공간이 넓어지니까.

기체가 액체 용매 속에 녹아 있을 때도 마찬가지야. 온도가 높아지면 액체 안에 녹아 있던 기체가 점점 활발하게 움직이게 되고, 그러다 보면 용매와의 결합을 끊고 공기 중으로 날아가게 돼. 따라서 용매에 녹아 있는 기체의 양은 점점 줄어들게 되지.

기체의 용해도는 온도뿐만 아니라 압력하고도 깊은 관계가 있어. 용매에 녹아 있던 기체 분자들이 밖으로 빠져나오려는데 압력이 높으면, 즉 위에서 강하게 누르고 있으면 어떻겠어? 밖으로 빠져나오지 못하고 용액 속에 머물러 있어야 할 거야. 따라서 압력이 높을수록 기체의 용해도는 증가하게 돼. 그러다가 압력이 낮아지면? 예를 들어 사이다 캔 뚜껑을 딴다고 해 보자. 어떻게 될까? 압력이 낮아지면서 사이다에 녹아 있던 기체 상태의 이산화탄소 분자들이 사이다 용액을 박차고 나오겠지.

　기체의 용해도에 대해선 기체 분자의 운동 상태와 주위의 압력, 온도와의 관계를 잘 생각하면 저절로 답이 나와. 무조건 "기체의 용해도는 고체의 반대"라고만 외우지 말고 잘 이해하도록. 원리만 이해하면 절대 안 까먹는다고~.

 엄마표간단 정리

- 온도에 따른 기체의 용해도 변화 추이는 고체와 반대된다. 즉 기체는 온도가 높을수록 용해도가 감소한다.
- 기체의 용해도는 압력에도 많은 영향을 받는다. 압력이 높을수록 기체의 용해도는 증가한다.

🔍 **read** 빨주노초파남보, 불꽃의 비밀

화학에서 불꽃 반응이란 금속 또는 금속 원소가 포함된 화합물이 에너지를 흡수해서 높은 에너지 상태가 되었다가 안정한 상태로 되돌아오면서 방출하는 빛의 색깔로 원소를 판별하는 방법이야.

우리는 보통 백금선 끝에 시료를 묻힌 후 이를 분젠 버너의 불꽃에 넣어 육안으로 관찰하거나 청색 코발트 유리를 통해 불꽃 색의 변화를 관찰하지.

이 방법으로 각 원소의 불꽃 반응을 살펴보면 다음과 같이 불꽃 색깔이 다 달라. 앞에서부터 구리는 청록색, 나트륨은 노란색, 리튬은 빨간색, 스트론튬은 빨간색, 바륨은 황록색, 칼륨은 보라색, 칼슘은 주황색 빛을 방출하지.

구리 나트륨 리튬 스트론튬 바륨 칼륨 칼슘

나트륨을 예로 들어 불꽃 반응을 자세히 설명해 볼게.

$$Na \xrightarrow{\text{에너지 흡수}} Na^*$$

$$Na^* \xrightarrow{\text{에너지(=빛) 방출}} Na$$

Na^*: 에너지를 흡수한 상태

불꽃 반응에서 원소마다 다른 빛을 띠는 이유는 방출하는 에너지의 양이 다르기 때문이야.

원자에 열을 가하면 에너지를 흡수하면서 불안정한 상태가 되는데, 이때 흡수하는 에너지의 양은 원소마다 제각각 달라. 따라서 안정한 상태로 되돌아가면서 방출하는 에너지의 양도 다르고 불꽃의 색깔도 다르게 돼.

하지만 불꽃 반응에서 눈으로 정확하게 원소의 종류를 판별하기엔 종종 어려움이 따라. 청록색 불꽃 반응을 보이는 구리와 빨간색 불꽃 반응을 보이는 리튬은 구별하기 쉬워도, 둘 다 빨간색 불꽃 반응을 보이는 리튬과 스트론튬은 구별하기 어렵거든. 이럴 때 유용하게 쓸 수 있는 게 분광기야. 분광기는 물질이 방출하거나 흡수하는 빛의 스펙트럼을 측정하는 기구야. 분광기를 이용하면 불꽃의 고유한 파장을 측정할 수 있기 때문에 눈으로는 식별 불가능한 차이까지 정확하게 구별할 수 있어.

그런데 불꽃 반응은 왜 금속 원소의 분석에만 쓸 수 있을까?

금속 원소들은 최외각전자가 1개 또는 2개야. 에너지를 흡수해서 들뜨는 전자의 수가 1개 또는 2개뿐이니까 흡수하는 에너지의 양이 일정해. 이 말은 곧 안정한 상태로 돌아갈 때 방출하는 에너지 양이 일정하다는 뜻이기도 해. 그래서 불꽃의 색깔 또한 일정한 거야.

이에 반해 최외각전자가 여러 개인 원소들은 흡수할 수 있는 에너지 양에서 다양한 경우의 수가 있기 때문에 방출하는 에너지의 양이 불규칙한 데다 방출하는 빛이 가시광선의 영역이 아니기 때문에 우리 눈으로는 확인하기 어려워. 따라서 불꽃 반응은 주로 일부 금속 원소의 구분에 주로 쓰이지.

이러한 불꽃 반응의 원리를 이용한 게 바로 불꽃놀이야. 여름날 한밤의 불꽃놀이는 굉장히 아름답지~.

check 문제 풀며 확인하기

1. 다음 (   ) 안에 알맞은 말을 넣으시오.

    측정하는 물질의 양에 따라 측정값이 변하는 성질은 (   ) 성질, 물질의 양과 관계없이 측정값이 일정한 성질은 (   ) 성질이다. 따라서 어떤 물질인지 밝혀내기 위해 사용해야 할 성질은 (   ) 성질이다.

2. 크기 성질과 세기 성질을 구분하시오.

    ① 질량   ② 밀도   ③ 용해도   ④ 열용량   ⑤ 비열   ⑥ 열전도도

3. 다음은 1기압에서 여러 가지 물질의 녹는점과 끓는점을 나타낸 표이다.

물질	질소	금	염화나트륨	수은	메탄올
녹는점	-210℃	1065℃	804℃	-39℃	-98℃
끓는점	-196℃	2856℃	1413℃	357℃	65℃

① 위 물질들이 모두 고체인 상태에서 섞어 놓고 함께 가열했을 때, 액체가 되는 순서대로 적으시오.
② 일상생활에서 액체 상태로 존재하는 물질 두 가지를 고르시오.
③ 다음 중 액체 상태에서 분자 간 인력이 가장 큰 것은?

4. 다음은 물과 에탄올의 혼합용액을 가열하면서 온도 변화를 기록한 결과이다.
    (물의 끓는점: 100℃, 에탄올의 끓는점: 78℃)

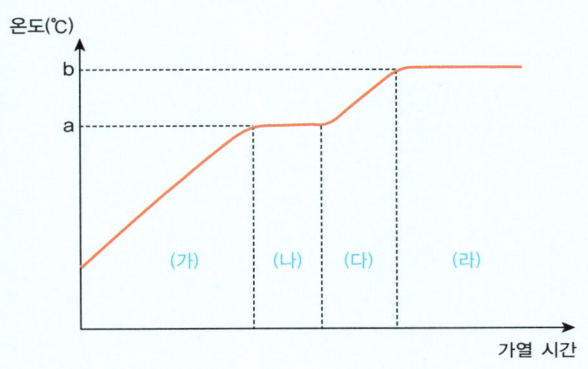

① 온도 a, b는 각각 얼마인가? 또 온도 a, b에서 나온 기체는 각각 무엇인가?
② 각 구간 (가)~(라)에서 용액에 존재하는 물질을 적으시오.
③ 기체 상태의 물을 얻으려면 어느 구간에서 나온 기체를 모아야 하는가?

5. 다음 중 용해도에 대한 설명으로 틀린 것은?
   ① 용해도는 물질의 세기 성질이다.
   ② 같은 용질이라도 용매가 바뀌면 용해도도 달라진다.
   ③ 같은 용질, 같은 용매인 경우 용해도는 항상 일정하다.
   ④ 같은 온도에서 용매의 양이 바뀌어도 용해도는 일정하다.

6. 어떤 온도에서 설탕물의 포화용액의 농도가 20%라고 할 때, 동일 온도에서 물 100g에 최대한 녹을 수 있는 설탕의 양은 얼마인가?
   ① 10g   ② 15g   ③ 20g   ④ 25g

9장

Chemistry

전해질과 이온

　일상에서 '앙금' 하면 보통은 팥빵에 들어 있는 앙금을 떠올리겠지만, 화학에서의 앙금은 그야말로 유레카! 물에 녹은 채 정체를 숨기고 있던 이온들끼리 만나 가루 입자로 변하는 바람에 우리에게 자신의 정체를 알려 주는 현상이거든.

　그리고 '전해질' 하면 많은 친구들이 어렵게 생각하는데, 간단해. 어떤 물질이 물에 녹아 이온화되어서 전류를 흐르게 하면 전해질이고, 전류를 흐르지 않게 하면 모두 비전해질이야. 우리는 여기서 한 발 더 나아가 어떤 물질이 물에 녹아서 전해질이 되는지, 전해질 중에서도 강전해질이 되는지, 약전해질이 되는지를 알아볼 거야.

　우리 주변에서 전해질을 이용한 예는 흔히 찾아볼 수 있어. 우리가 맛있게 먹는 두부 만들기부터 폐수에서 중금속을 제거하는 일까지 전해질의 활용 사례들은 하나의 원리를 알아냈다는 것에 만족하지 않고 어떻게 하면 일상생활에 이용할 수 있을지를 끊임없이 고민한 결과야. 화학 현상을 연구하고 원리를 밝혀낸 후 그 원리를 이용해 우리의 생활을 풍요롭게 만드는 일, 그게 바로 화학이 하는 일이란다.

1 도체와 부도체의 차이는 뭘까요?

전해질(電解質, electrolyte)에 대해 알아보기 전에 생각해 봐야 할 게 하나 있어. 전류란 무엇인지, 그리고 전류는 어떤 원리로 흐르는가에 대한 문제야.

간단히 답하자면, 전류는 전자의 흐름이야. 그리고 전류가 흐른다는 건 전자가 끊이지 않고 계속 이동하고 있다는 걸 뜻해. 일찍이 우리는 전류가 +극에서 −극으로 흐른다고 배웠어. 하지만 사실 전자는 −극에서 나와서 +극으로 이동하고 있어. 이 사실, 잊지 말렴~.

그러면 이제 전류가 흐를 수 있는 물질인 도체, 전류가 흐르지 못하는 물질인 부도체에 대해서도 조금 알아보자고~.

먼저 실험을 하나 해 보자. 그림과 같이 두 개의 전기회로 중간에 각각 염화나트륨 결정과 구리판을 끼워 넣은 다음 전원을 연결해 보는 거야.

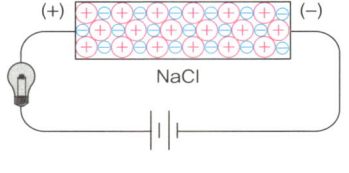

전류가 흐르지 않는다.

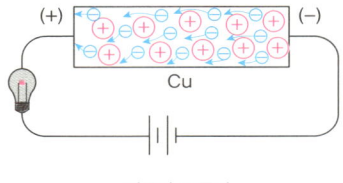

전류가 흐른다.

9장 전해질과 이온 295

실험 결과, 전기회로에 염화나트륨 결정을 연결하면 전류는 흐르지 않아. 염화나트륨(NaCl)은 이온 화합물이야. 나트륨(Na)과 염소(Cl)가 각자 전자를 주고받아 나트륨 이온(Na^+)과 염소 이온(Cl^-)이 되고 난 후부터는, 각각 자기가 갖고 있는 전자를 꽉 붙잡고 놔주지 않지. 왜냐고? 꽉 찬 전자껍질을 유지하기 위해서, 즉 안정된 전자 구조를 갖기 위해서지. 따라서 염화나트륨 결정에서는 나트륨 이온이나 염소 이온 사이를 이동할 수 있는 자유전자가 없어. 게다가 염소 이온과 나트륨 이온 또한 단단하게 얽힌 형태로 결합되어 있기 때문에 이동할 수 없어. 따라서 염화나트륨은 전자가 이동할 수 없는, 다시 말해 전류가 흐를 수 없는 부도체야.

반면에 금속인 구리판을 끼워 넣은 전기회로에서는 전류가 흘러. 구리판에서 모든 구리(Cu) 원자는 여분의 전자를 내어놓고 양이온이 되고, 구리 원자에서 떨어져 나온 전자들은 구리 양이온들 사이를 유유히 흐르는 '전자바다'를 이루지. 따라서 구리판은 전류가 흐르는 도체야.

정리하면, 전류가 흐른다는 건 전자가 이동을 한다는 거야. 그리고 전자가 이동해서 전류가 흐르는 물질은 도체(conductor), 전자가 이동할 수 없어서 전류가 흐르지 못하는 물질은 부도체(insulator)라고 해.

 엄마표 간단 정리

- 전류가 흐른다는 말은 곧 전자가 이동한다는 뜻이다.
- 도체는 전류가 흐르는 물질, 부도체는 전류가 흐르지 못하는 물질이다.

2 전해질과 비전해질, 물에 녹여 비교해요

어렸을 때는 '전해질' 하면 건전지를 떠올렸는데, 요즘은 냉장고 안의 스포츠 드링크가 생각이 나. 전혀 상관없어 보이지만, 이 둘 모두 전해질과 깊은 관련이 있거든. 무슨 얘기냐고? 자, 잘 들어봐~.

전해질은 물에 녹아 수용액이 되었을 때 전류가 흐르는 물질이야. 염화나트륨(NaCl)이 대표적인 전해질이지. 가만, 앞에서 염화나트륨은 전류가 흐르지 않는 부도체라고 했는데, 염화나트륨을 물에 녹이면 전류가 흐른다고? 같은 물질인데 고체일 땐 부도체, 액체일 땐 도체가 된다니…. 대체 물질 안에서 어떤 변화가 일어난 걸까? 궁금하면 일단 녹여 보자고~.

염화나트륨을 물에 녹이면 물 분자 중에 +전하를 띠는 H 원자가 -전하를 띠는 Cl에 달라붙고, -전하를 띠는 O 원자는 +전하를 띠는 Na에 달라붙는 바람에 NaCl이 각각의 이온으로 분리돼. Na^+, Cl^-으

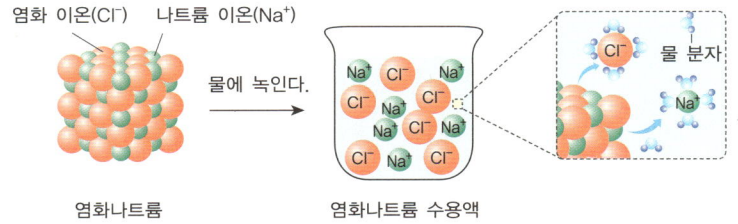

염화나트륨   물에 녹인다.   염화나트륨 수용액

로 말이야. 이게 바로 이온화합물이 물을 비롯한 극성 용매에 잘 녹는 이유이지.

하지만 그림에서 보듯, NaCl이 녹아 있는 수용액 속에는 전류가 흐를 수 있게 만드는 자유전자는 없어. 그 역할을 대신할 존재는 있어. 바로 Na^+과 Cl^-이야.

그러면 실험을 하나 더 해 보자고~. 전자회로의 열린 부분을 염화나트륨 수용액 속에 담가 보는 거야. 실험 결과, 수용액에 담가 놓은 −극에서 나온 전자는 Na^+으로 전달되고, 수용액에 담가 놓은 +극은 Cl^-을 통해 전자를 공급받을 수 있어. 즉 −극에서는 전자가 용액으로 빠져나가고, 반대편 +극에서는 전자가 계속 들어와. 그렇게 해서 전기회로에서 전기가 끊기지 않고 계속 흐르게 되지.

자, 이번에는 염화수소(HCl) 수용액 속에 전극을 담가 보자. H^+과 Cl^-이 들어 있는 수용액에 전극을 담그면 −극에서 나온 전자가 (가) 지점에서 막히는 듯싶다가 이내 H^+을 만나서 전자를 넘겨주고, (나)

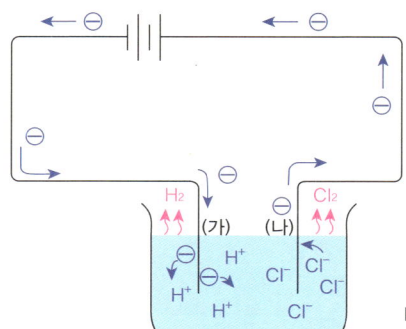

HCl 수용액 속의 H^+은 전자를 넘겨받고 Cl^-은 전자를 넘겨줌으로써 각각 H_2, Cl_2 기체가 된다.

지점에서는 Cl⁻에서 나온 전자가 전극을 타고 올라가게 돼. 회로 전체를 놓고 봤을 때 전류가 흐르게 되는 거야.

이처럼 전해질을 물에 녹이면 양이온과 음이온으로 나뉘면서 전류가 흐르게 돼. 그렇다면 비전해질을 물에 녹이면 어떻게 될까? 비전해질 물질인 설탕을 물에 녹여 보자고~.

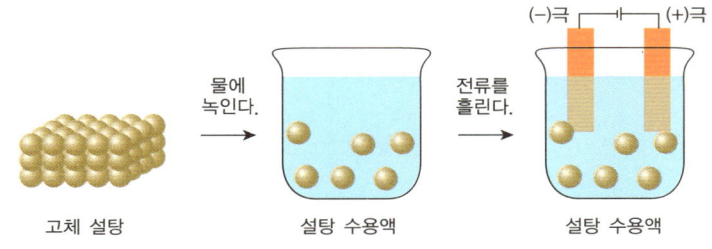

고체 설탕 → 물에 녹인다. → 설탕 수용액 → 전류를 흘린다. → 설탕 수용액

실험 결과, 설탕 용액에 전극을 담가 봤자 전류는 흐르지 않아. 설탕 분자 하나하나가 물 분자와 섞여 있을 뿐 설탕 분자 자체는 이온화되지 않거든. 따라서 설탕 용액은 전기적으로 중성이야.

조금 더 설명하자면, 설탕은 물에 용해되었을 뿐이지 이온화된 게 아니야. 용해와 이온화는 전혀 다른 개념이야. 용해는 용질이 용매에 녹는 현상이고, 이온화는 용질이 용매에 녹아서 양이온과 음이온으로 나뉘는 현상이야. 따라서 물에 잘 녹는다고 해서 이온화가 잘 되는 건 아냐. 물질의 용해도와 이온화는 아무런 상관이 없다는 것, 명심하기!!!

참고로 대표적인 전해질과 비전해질 몇 가지를 알아보자고~. 머릿속에 넣어 두면 분명 도움이 될 때가 있을 거야.

전해질		비전해질	
$MgCl_2$	염화마그네슘	C_2H_5OH	에탄올
$NaCl$	염화나트륨	CH_3OH	메탄올
$NaOH$	수산화나트륨	$C_{12}H_{22}O_{11}$	설탕
$AgNO_3$	질산은	C_6H_6	벤젠
KCl	염화칼륨	CH_3COCH_3	아세톤
Na_2CO_3	탄산나트륨	$C_{10}H_8$	나프탈렌
$CaCl_2$	염화칼슘	H_2O	물
$BaCl_2$	염화바륨		
KI	요오드화칼륨		

왜 물 묻은 손으로 콘센트를 만지면 안 될까?

어린콩 물은 비전해질인데, 왜 물 묻은 손으로 콘센트를 만지면 안 되는 걸까?

꼼이 순수한 물은 전기가 통하지 않는 비전해질이 맞아. 문제는 네 손에 땀과 오염물질이 묻어 있다는 거야. 땀에는 미세한 염분, 즉 전해질이 있거든.

어린콩 아아, 물이 땀이랑 섞이면서 내 손에서 전해질 용액이 만들어지는 거네!

꼼이 그렇지. 홍수가 났을 때 감전 사고로 동물들이 떼죽음을 당하는 것도 같은 이유에서야. 내친김에 이온 음료 얘기도 해 줄까? 우리 몸의 체액은 생리 기능에 관계된 각종 염류가 포함된 전해질이야. 운동을 하고 나면 이러한 염류가 땀에 녹아 함께 빠져나가기 때문에 이를 보충해야 해. 그래서 체액과 비슷한 성분을 포함한 전해질 음료를 마시는 거지. 전해질은 물에 이온 형태로 녹아 있어. 그래서 전해질 음료를 이온 음료라고 부르는 거야.

그런데 말이야, 전해질이라고 해서 다 같은 전해질이 아니야. 전해질에도 등급이 있어. 바로 '강전해질'과 '약전해질'이야.

강전해질은 물질이 물에 녹았을 때 그 대부분이 이온화되어서 전하를 띠는 입자들이 많아져 전류가 세게 흐르는 물질이야. 강전해질에는 염화나트륨(NaCl), 질산칼륨(KNO_3), 염화수소(HCl), 수산화나트륨(NaOH) 등이 있어. 반면에 약전해질은 물에 녹았을 때 일부만 이온화되어서 전하를 띠는 입자가 적어. 따라서 전류가 약하게 흐르게 되지. 약전해질에는 아세트산(CH_3COOH), 비타민C 등이 있어.

어떤 물질이 이온화되는 정도는 물질마다 달라. 즉 이온화 정도는 '물질의 특성'이란다.

 엄마표간단 정리

- 전해질은 물에 녹였을 때 전류가 흐르는 물질이다. 수용액 상태에서 이온화되어 +전하와 −전하를 띤 입자로 나뉜다.
- 전해질은 이온화되는 정도에 따라 강전해질과 약전해질로 나뉜다. 강전해질일수록 전류가 세게 흐른다.

3 이온화 과정은 전자를 주고받는 거예요

전해질이란 물에 녹아 이온화되는 물질이야. 따라서 전해질을 완벽하게 이해하려면 이온화 과정 역시 꿰고 있어야 해. 이온화 과정이 뭐냐고? 간단히 말해, '이온을 생성하는 과정'이야. 앞에서 전기적으로 중성인 원자나 분자가 전자를 잃으면 +전하를 띠는 양이온이 되고 전자를 얻으면 −전하를 띠는 음이온이 된다고 했었지? 이게 바로 이온화 과정이야.

참, 원자의 전자껍질과 전자에 대해 알아볼 때 금속 원소는 양이온이 되기 쉽고, 비금속 원소는 음이온이 되기 쉽다고 했던 것 기억나? 몇 가지 예를 들어 원소가 이온이 되는 과정을 설명해 볼게.

금속 원소인 마그네슘(Mg)은 원자 번호가 12. 따라서 2−8−2의 전자 구조니까 세 번째 껍질에 있는 전자 2개를 버리고 Mg^{2+}이 되기 쉬워. 반면에 비금속 원소인 염소(Cl)의 원자 번호는 17. 즉 2−8−7의 전자 구조야. 따라서 Cl는 세 번째 껍질을 채우기 위해 전자 1개를 가져와서 Cl^-이 되려고 할 거야. 그리고 여기에 껍질이 하나밖에 없는 수소(H)를 추가하자고~. 수소 원자는 전자 1개를 버리고 양이온이 될 때가 더 많아.

마그네슘과 염소, 수소의 이온화 과정을 화학식으로 나타내면 각각 다음과 같아.

$$Mg \rightarrow Mg^{2+} + 2\,\text{ⓔ}$$
$$Cl + \text{ⓔ} \rightarrow Cl^-$$
$$H \rightarrow H^+ + \text{ⓔ}$$

여기서 잠깐! 전해질과 이온화 과정을 배우면서 새롭게 알아야 할 게 있어. 그건 바로 다원자이온(polyatomic ion)이야. 다원자이온이란 2개 이상의 원자가 결합해서 하나의 입자처럼 행동하는 이온이야. 다원자이온이 생기는 이유는 이온 내의 원자들이 아주 강하게 결합하고 있어서 쉽게 분해되지 않기 때문이지.

예를 들어 황산(H_2SO_4)이 이온화되는 과정에서 H 원자 2개는 각각 미련 없이 떨어져 나가는데, S과 네 개의 O는 죽어도 같이 죽고 살아도 같이 살자며 한 덩어리로 뭉쳐 있는 거야. 이렇게 만들어진 SO_4^{2-}이 다원자이온이야.

예를 하나 더 들어 볼게. 대표적인 다원자이온 중 하나인 질산염 이온 NO_3^-. 질산, 즉 HNO_3을 물에 녹이면 H^+과 NO_3^-으로 분리가 돼. HNO_3에서 H와 N의 결합은 약하지만 N과 O의 결합은 매우 강해. 따라서 물에 녹이면 H 원자는 HNO_3로부터 떨어져 나와 H^+이 되지만 N와 O는 분리되지 않기에 NO_3^-이 하나처럼 행동하게 되는 거야.

$$HNO_3 \rightarrow H^+ + NO_3^-$$

내친김에 우리 주변에서 흔히 볼 수 있는 양이온과 음이온 몇 가지를 알려 줄게. 눈에 익혀 두면 훨씬 도움이 될 거야.

이온	화학식	이온	화학식	이온	화학식
수소 이온	H^+	알루미늄 이온	Al^{3+}	암모늄 이온	NH_4^+
나트륨 이온	Na^+	염화 이온	Cl^-	수산화 이온	OH^-
칼륨 이온	K^+	브로민화 이온	Br^-	질산 이온	NO_3^-
마그네슘 이온	Mg^{2+}	아이오딘화 이온	I^-	황산 이온	SO_4^{2-}
칼슘 이온	Ca^{2+}	산화 이온	O^{2-}	탄산 이온	CO_3^{2-}
바륨 이온	Ba^{2+}	황화 이온	S^{2-}		
구리 이온	Cu^{2+}				
아연 이온	Zn^{2+}				

자, 지금부터는 화합물의 이온화 과정을 알아보자고~. 전해질인 염화나트륨(NaCl)이 이온화되면 Na^+와 Cl^-이 돼. 이걸 화학식으로 나타내면 다음과 같아.

$$NaCl \rightarrow Na^+ + Cl^-$$

그렇다면 염화마그네슘($MgCl_2$)이 이온화되면 어떻게 될까? 일단 마그네슘(Mg)과 염소(Cl)가 이온화되면 어떤 이온이 되는지 알아봐야겠지. Mg의 원자 번호는 12. 최외각전자는 2개야. 6개를 얻는 것보다는 2개를 버리는 게 쉽겠지. 따라서 Mg은 전자 2개를 버리고 Mg^{2+}이 돼.

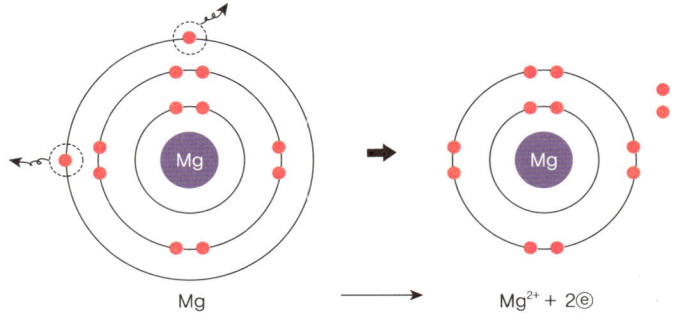

Cl의 원자 번호는 17번. 최외각전자는 7개야. 2 – 8 – 8 법칙에 의해 7개를 버리느니 1개를 얻는 게 쉽겠지. 따라서 Cl는 전자 1개를 얻어서 Cl⁻이 돼.

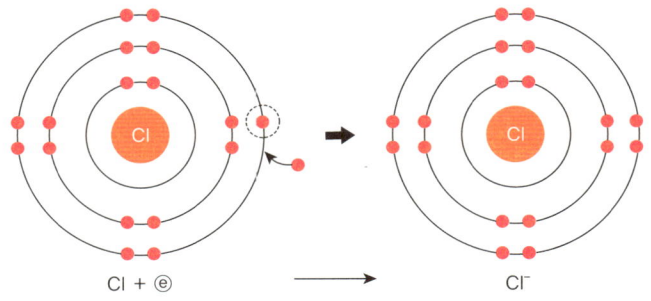

이제 $MgCl_2$을 보자. Mg 원자는 전자 2개를 내놓고 있는데 Cl 원자는 전자 1개가 필요하잖아. 따라서 Mg 원자 1개가 양이온이 될 때 Cl 원자 2개가 음이온이 돼. 화학식으로 정리하면 다음과 같아.

$$MgCl_2 \rightarrow Mg^{2+} + 2Cl^-$$

사실 화합물의 이온화는 원자들이 화합물을 형성하는 과정을 거꾸로 들여다본 거야.

그러면 이렇게도 한번 접근해 보자. 알루미늄(Al)과 산소(O)가 만나면 어떤 화합물을 만들어 낼까? Al의 원자 번호는 13, O의 원자 번호는 8이므로 각 원자의 전자 배치도를 그리면 Al의 최외각전자는 3개, O의 최외각전자는 6개라는 걸 알 수 있어. Al은 전자 3개를 내놓고 Al^{3+}이 되고, O는 전자 2개를 받아서 O^{2-}이 되지.

$$Al \rightarrow Al^{3+} + 3ⓔ$$
$$O + 2ⓔ \rightarrow O^{2-}$$

Al과 O가 주고받는 전자의 수가 같기 위해서는 Al과 O가 2:3의 비율로 결합하면 돼. 따라서 화합물은 Al_2O_3이야. Al_2O_3을 다시 이온화하면 2개의 Al^{3+}과 3개의 O^{2-}이 형성돼.

$$Al_2O_3 \rightarrow 2Al^{3+} + 3O^{2-}$$

이온화식이 너무 쉽다고? 화합물을 이루는 원소들로 낱낱이 나눠 버리면 되니까? 그러면 $KMnO_4$, 즉 과망가니즈산칼륨을 이온화해 보자고.

$$KMnO_4 \rightarrow K + Mn + 4O$$

이게 맞을까? 땡! 틀렸습니다. 전해질의 이온화라고 해서 무조건 구성 원소로 일일이 나누면 안 돼. 앞에서 잠깐 언급했듯이, 전해질에는 다원자이온이 포함된 경우가 많거든. $KMnO_4$은 다원자이온인 MnO_4^-, 즉 과망가니즈산 이온이 포함된 전해질이야. 따라서 올바른 이온화식은 다음과 같이 돼.

$KMnO_4 \rightarrow K^+ + MnO_4^-$

자, 이제 이온화 과정과 그것을 하나의 화학식으로 나타낸 이온화식에 대해 이해가 좀 되지? 아직 이해가 잘 안 된다면 이온화 과정에 대해 다시 한 번 찬찬히 읽어 보렴.

엄마표간단 정리

- **이온화 과정**: 이온을 생성하는 과정, 즉 전기적으로 중성인 원자나 분자가 전자를 잃어서 +전하를 띠는 양이온이 되거나 전자를 얻어서 −전하를 띠는 음이온이 되는 과정을 말한다. 예를 들어 염화마그네슘이 마그네슘 양이온과 염소 음이온이 되는 과정은 다음과 같다.
  $MgCl_2 \rightarrow Mg^{2+} + 2Cl^-$

4
이온과 이온이 만나서 뿌연 앙금을 만들어요

여러 가지 이온이 녹아 있는 투명한 수용액이 있을 때 눈으로는 어떤 이온이 얼마나 녹아 있는지 확인할 수 없어. 독성이 있을 수도 있기 때문에 손으로 만지거나 맛을 봐서도 안 돼. 어떻게 하면 수용액 속의 성분을 확인할 수 있을까?

여러 방법들이 있겠지만, 실험실에서 가장 흔히 쓰는 방법은 이온을 침전시키는 거야. 이온을 화합물로 만들어서 침전시킨 후에 침전물, 즉 앙금의 성분을 조사해 보면 물에 녹아 있던 이온이 무엇인지 알 수 있어.

실험을 하나 해 보자. 여기에 두 가지 전해질 수용액이 있어. 하나는 탄산나트륨(Na_2CO_3) 수용액이고 다른 하나는 염화칼슘($CaCl_2$) 수용액이야. 두 가지 모두 맑고 투명한 액체지. 두 수용액을 섞어 보는 거야. 그러면 흰색 가루가 생기면서 순식간에 물이 뿌옇게 돼. 앙금이 생겼기 때문이지.

그런데 이 앙금은 과연 어떤 성분들이 만나서 생긴 것일까? 지금부터 천천히 추적해 나가자고~.

두 수용액을 섞기 전, 이온은 모두 네 가지로 존재해. Na^+, CO_3^{2-},

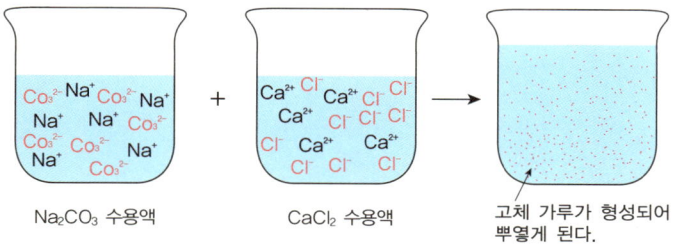

Ca^{2+}, Cl^-. 화학 결합을 하려면 하나는 양이온, 다른 하나는 음이온이어야 하니까 가능한 방법은 다음 네 가지가 나와.

Na^+과 CO_3^{2-} ······ ①
Na^+과 Cl^- ······ ②
Ca^{2+}과 CO_3^{2-} ······ ③
Ca^{2+}과 Cl^- ······ ④

일단 ①과 ④는 아니야. 왜냐하면 ①과 ④는 수용액을 섞기 전의 조합인데, 그때는 각각 투명한 수용액 상태였잖아. 따라서 남은 것은 ②와 ③이야. ② 아니면 ③에 의해 앙금이 만들어진 거지.

Na^+과 Cl^- ······ ②
Ca^{2+}과 CO_3^{2-} ······ ③

②에서는 NaCl이 만들어지고 ③에서는 $CaCO_3$이 만들어져.

NaCl은 우리가 잘 아는 소금이야. 스금은 물에 녹아서 Na^+과 Cl^-이 되어 맑은 소금물이 되지. 따라서 ②도 아니야. 이제 남은 건 ③번밖에 없어. 앙금은 Ca^{2+}과 CO_3^{2-}이 만나서 생긴 물질이야. 따라서 앙금의 정체는 $CaCO_3$. 유레카!

실험 내용을 정리해 보면, 네 가지 이온 Na^+, Ca^{2+}, Cl^-, CO_3^{2-}을 섞었는데 그중 두 가지 이온 Ca^{2+}과 CO_3^{2-}이 결합을 해서 앙금을 만들고, 다른 두 가지 이온 Na^+과 Cl^-은 실험 전이나 후나 모두 용액 속에 녹아 있는 이온 상태를 유지하고 있다는 걸 알 수 있어. 화학에서는 앞의 두 이온을 알짜이온, 뒤의 이온을 구경꾼이온이라고 해. 이름 정말 잘 지었지?

- 알짜이온(net ion): 화학 반응에서 실제로 반응에 참여하는 이온.
- 구경꾼이온(spectator ion): 화학 반응에 참여하지 않고 구경만 하는 이온.

이와 같은 앙금 생성 과정을 화학식으로 나타낼 때는 물질의 상태를 표시하는 것이 중요해. 그래야 어떤 물질이 물에 녹아 있고 어떤 물질이 앙금이 되었는지를 구별할 수 있거든.

예컨대 탄산나트륨(Na_2CO_3) 수용액과 염화칼슘($CaCl_2$) 수용액이 만나서 탄산칼슘($CaCO_3$) 앙금이 생긴 화학 반응을 식으로 나타내면 다음과 같아.

$$Na_2CO_3(aq) + CaCl_2(aq) \rightarrow CaCO_3(s)\downarrow + NaCl(aq)$$

이때 s(solid)는 고체, l(liquid)은 액체, g(gas)는 기체, aq(aqueous)는 수용액, ↓는 침전(가라앉는다)을 뜻해.

참, 화학 반응 전과 후에 각 원소의 개수를 일치시키려면 NaCl 앞에 2가 붙어야 해. 따라서 완전한 반응식은 다음과 같아.

$$Na_2CO_3(aq) + CaCl_2(aq) \rightarrow CaCO_3(s)\downarrow + 2NaCl(aq)$$

앙금 생성 반응에 실제로 참여한 알짜이온들만 가지고 식을 써 보면 다음과 같이 훨씬 간단한 식이 나와.

$$Ca^{2+} + CO_3^{2-} \rightarrow CaCO_3\downarrow \text{ (흰색 앙금)}$$

이것을 '알짜이온 반응식'이라고 해.

이처럼 서로 다른 전해질 수용액이 만났을 때의 반응, 즉 어떤 화합물이 생성될지 예측하기 위해선 앙금을 생성하는 이온과 생성하지 않는 이온을 알고 있어야 해. 대표적인 것 몇 가지를 알려 줄게.

첫째, Na^+, K^+, NH_4^+, NO_3^- 등은 대체로 앙금을 생성하지 않는 이온이야.

둘째, Ca^{2+}, Ba^{2+}, Mg^{2+} 등은 SO_4^{2-}, CO_3^{2-} 등과 만나면 앙금을 생성해. 단, 예외적으로 $MgSO_4$은 앙금을 만들지 않아.

화학 반응에서 자주 등장하는 대표적인 앙금을 색깔별로도 알려 줄게.

첫째, $AgCl$, $BaCO_3$, $BaSO_4$, $CaCO_3$, $CaSO_4$, Ag_2CO_3, Ag_2SO_4 등은 흰색 앙금이야.

둘째, AgI, PbI_2 등은 노란색 앙금이야.

셋째, CuS, PbS는 검정색 앙금이야.

물질과 물질이 만나서 찌꺼기가 가라앉는 게 뭐 그리 대단한 거냐고 생각할 수도 있어. 사실 앙금은 주위에서 항상 볼 수 있는 골칫거리였어. 주전자에 물때가 끼거나 오래된 수도관이 침전물로 막히는 것 등이 모두 앙금 현상이거든. 하지만 원리를 알면 이러한 문제들을 해결할 수 있을 뿐 아니라 더 나아가 우리 삶에 유용한 일을 해낼 수 있게 돼. 대표적인 예가 폐수에 들어 있는 중금속을 제거하는 거야. 우리가 맛있게 먹는 두부도 앙금 현상을 이용한 거고.

화학은 이렇게 알게 모르게 우리 생활에서 많이 활용되고 있어. 주기율표의 알파벳이나 +, −, 각종 기호들을 보고 있으면 머리가 지끈지끈 아파 오지만, 실상은 개념과 원리를 이해하고 몇 가지 기호만 외우고 있으면 우리를 둘러싼 모든 물질들의 생성과 교류, 반응이 눈에 들어오기 시작할 거야. 우리 눈에는 보이지 않는 저 너머에서 물질과 물질이 만나 새로운 무엇을 만들기도 하고, 서로 함께했던 물질이 헤어지기도 하고, 또 외로운 나머지 다른 물질을 만나 사귀기도 하고…. 그러한 모든 관계가 우리 인간들 삶에 영향을 끼치기도 하고 말이야. 화학은 알면 알수록 놀랍고도 즐거운 또 하나의 세상이란다.

 엄마표 간단 정리

- 앙금 현상은 두 가지 이상의 수용액을 혼합했을 때, 수용액 속의 이온들이 반응하여 물에 녹지 않는 고체 물질을 형성하는 현상이다. 생성된 앙금을 통해 용액 속에 어떤 이온이 들어 있는지 알아낼 수 있다.
- 화학 반응에서 실제로 반응에 참여하는 이온을 알짜이온, 반응에 참여하지 않는 이온을 구경꾼이온이라 한다.

read 전해질, 모자라도 넘쳐도 안 돼

우리 몸에서 일어나는 모든 일은 신경세포를 통해 뇌에 전달되는데, 그 속도가 초속 $100m$야. 예를 들어 키가 $2m$인 사람이 있다고 치자. 그 사람이 길을 걷다가 뭔가를 밟고 나서 "어, 내가 뭘 밟았네."라고 느끼는 데 필요한 시간이 $\frac{1}{50}$초. 사람의 뇌에서 "뭘 밟았는지 확인해 봐." 하는 명령이 전달되는 시간도 $\frac{1}{50}$초야. 그가 발을 들고 발밑에 무엇이 있는지 확인하기까지의 모든 일이 그야말로 '눈 깜짝할 사이에' 이뤄지지. 이러한 속도의 비결은 이온들의 농도 차이에 있어. 즉 신경세포에 있는 나트륨 이온(Na^+)과 칼륨 이온(K^+) 등의 농도 차이를 이용해 원하는 곳까지 빠르게 전달하는 거지.

이때 전해질은 우리 몸 구석구석까지 신경 자극을 전달할 뿐 아니라 근육세포의 막을 들락날락하면서 근육의 수축과 이완을 조절해. 따라서 전해질이 부족하면 한번 수축했던 근육이 잘 이완되지 않는데, 이게 바로 쥐야. 갑자기 무리하게 운동을 하거나 자신도 모르게 다리를 잘못 뻗다가 소리를 지르며 "엄마, 나, 다리에 쥐 났어~" 할 때 있지? 쥐가 자주 난다 싶으면 몸속의 전해질이 부족하지 않도록 음식을 골고루 잘 먹는 게 중요해. 그래도 계속해서 쥐가 날 경우는 병원에 가도록!

아버지가 술을 마신 다음 날, "몸에 힘이 없어. 피곤해. 머리가 몽롱해." 라고 하시는 이유 중 하나도 전해질 때문이야. 몸속의 간이 처리할 수 있는 것보다 더 많은 양의 알코올을 섭취할 경우, 초과된 알코올은 혈액으로 들어가 신경세포에 영향을 끼치게 돼. 술을 많이 마셔서 화장실에 많이 가는 것과도 관계 있어. 화장실에 많이 가면 수분을 많이 배출하게 되거든. 수분과 함께 전해질이 몸 밖으로 빠져나가면서 체액의 전해질 농도가 급격히 줄어들고, 그에 따라 신경세포가 제 역할을 못하게 되면서 몽롱해지고 무기력해지는 거지.

그 밖에 사람들이 흔히 말하는 눈근육떨림도 전해질이 부족할 때 나타나는 현상이야. 이 또한 푹 쉬고 음식을 골고루 잘 먹으면 대부분 낫게 돼.

이렇듯 몸이 건강하면 체액의 전해질 농도가 일정하게 유지되지만, 건강이 좋지 않을 때는 전해질 농도를 유지하는 능력이 현저히 떨어지게 돼. 병원에서 종합 검진을 받을 때 전해질 농도를 측정하는 것도 이와 같은 맥락에서야.

몸이 건강해도 전해질 양이 모자랄 때가 있어. 운동을 해서 땀을 많이 흘린 경우에 그러한 현상이 나타나. 땀과 함께 염화나트륨이 배출되어서 몸 속 전해질 양이 줄어드는 거지. 이때 물을 마시면 전체적으로 체액의 전해질 농도가 낮아지게 돼. 일시적으로 땀을 흘리고 난 후에 마시는 물 한 병쯤은 괜찮지만 마라톤처럼 장시간 운동하는 경우는 주의해야 해.

예전에는 마라톤을 할 때, 선수들이 땀을 많이 흘리니까 물을 자주 마셔서 수분을 보충해야 한다고 생각했었어. 마라톤 코스 여기저기에 물이 놓여 있었지. 그런데 2002년 보스턴 마라톤에서 한 선수가 더위와 갈증으로 물을 아주 많이 먹은 후 쓰러져 죽은 사건이 일어났어. 이로 인해 '마라톤 물중독'이라는 말이 생겼지. '마라톤 물중독'은 마라톤처럼 땀을 많이 흘리는 운동을 4~5시간 이상 하면서 계속 물만 마시는 경우 혈액 속의 전해질 농도가 급격하게 떨어지는 증상을 말해. 두통, 현기증, 피로, 구역질은 물론이고 심하면 사망에 이를 수도 있어. 따라서 장시간 운동을 할 때는 물에 약간의 염분을 타서 먹거나 전해질이 녹아 있는 이온 음료를 마시는 게 몸에 좋단다.

check 문제 풀며 확인하기

1. 다음 물질들의 이온화식을 쓰시오.
   ① $CuCl_2$
   ② $ZnSO_4$
   ③ $Ca(OH)_2$
   ④ $(NH_4)_3PO_3$

2. 비커에 담겨 있는 증류수에 전원이 연결되어 있는 전극을 담근 후, 전해질인 NaCl을 조금씩 넣어 녹이면서 전류의 세기를 측정하였다. 이때 전류의 세기는 어떻게 변하는가?
   ① NaCl을 넣을수록 계속해서 강해진다.
   ② NaCl을 넣을수록 계속해서 약해진다.
   ③ NaCl을 넣을수록 강해지다가 어느 순간부터 일정해진다.
   ④ NaCl이 일정 농도 이상이 되는 순간부터 급격히 강해진다.

3. 아래 그림과 같이 장치한 후, 비커에 농도가 동일한 수용액 ①, ②, ③을 넣고 전원을 연결하여 전구의 불빛을 관찰하였다. 전구의 밝기가 강한 순서대로 쓰고, 그 이유를 설명하시오.

① 소금 수용액
② 설탕 수용액
③ 아세트산 수용액

4. 다음 중 틀린 것은?

① 두 가지 용액을 섞어 앙금이 생겼다면, 섞은 후의 수용액 속에 존재하는 이온의 개수는 섞기 전 각각의 수용액에 들어 있는 이온 개수의 합보다 작다.

② 투명한 수용액을 섞었더니 뿌연 앙금이 생겼다면 새로운 화합물이 만들어진 것이다.

③ 앙금을 만든 이온은 알짜이온이고, 앙금을 만들지 않은 이온은 구경꾼이온이다.

④ 알짜이온 반응식에서 앙금을 나타내는 기호는 aq이다.

5. 염화나트륨(NaCl) 수용액과 질산은($AgNO_3$) 수용액이 있다. 다음 물음에 답하시오.

① 두 용액에 들어 있는 이온을 각각 적으시오.

② 두 용액을 섞었을 때 만날 수 있는 양이온과 음이온의 조합을 모두 적으시오.

③ 이 중에 기존에 수용액 상태였던 것을 제외하면 남는 조합은 무엇인가?

④ ③의 조합 중에 침전물이 생기는 조합이 있는가? 있다면 그 침전물은 무엇인가?

해답편

1장 1. 1) (가) 액체, (나) 고체, (다) 기체 2) ①: (다), ②: (가), ③: (나) 2. ④ 3. ③ 4. 낮은 온도에서 차가워진 안경이 따뜻한 집 안으로 들어오면 공기 중에 있던 수증기가 안경에 닿아 냉각되면서 안경에 김이 서리게 된다. 이후 김이 다시 증발해 사라지기 때문에 안경 유리는 다시 맑아진다. 5. ① 6. ①

2장 1. ① ○ ② ○ ③ × ④ × 2. ① 증발 ② 확산 ③ 확산 ④ 증발 3. ② 4. ① ○ ② × ③ ○ ④ × 5. ① 모두 같다. ② $\frac{1}{2} l$ ③ 0.5기압 6. ①

3장 1. 체온, 물컵(물), 손, 손 2. ① (가) 융해, (다) 기화, (바) 승화 ② (나) 응고, (라) 액화, (마) 승화 3. ① (가) 고체, (다) 액체, (라) 액체+기체 ② (마) ③ (나) ④ 녹는점 ⑤ (가) 4. ② - ③ - ⑤ - ① - ④ 5. ① (바) 승화열 흡수 ② (라) 액화열 방출 ③ (다) 기화열 흡수

4장 1. ① ○ ② × ③ × ④ ○ 2. ② 3. ① × ② × ③ ○ ④ ○ 4. ① (가) 0℃, (나) 4℃, (다) 100℃ ② 고체에서 액체로, 액체에서 기체로 되면서 급격한 부피 변화가 일어났기 때문이다. ③ 4℃

5장 1. ② 2. ① × ② ○ ③ ○ ④ × 3. ① (나) - (라) - (마) - (다) - (가) ② (라), 전자 ③ (마), 러더퍼드 ④ (나) ⑤ (다), 보어 4. ③

6장 1. ① ○ ② × ③ ○ ④ × ⑤ ○ 2. ① 원자 ② 이온, +1, ③ 이온, -2 ④ 알 수 없다. 3. ④ 4. ① (가) +1, (라) +2, (마) +3 ② (나) -1 ③ (다) 5. ③, ⑤

7장 1. 1) (가) 혼합물, (다) 화합물, (마) 불균일혼합물 2) ① (다), ② (마), ③ (나)와 (다) 2. ③ 3. ④ 4. ③ 5. 1) ② 2) ①, ③

8장 1. 크기, 세기, 세기 2. 크기 성질: ①, ④ 세기 성질: ②, ③, ⑤, ⑥ 3. ① 질소 - 메탄올 - 수소 - 염화나트륨 - 금 ② 수은, 메탄올 ③ 금 4. ① a: 78℃(물과 에탄올의 혼합용액에서는 78℃보다 약간 높은 온도에서 끓고 있을 수도 있다), b: 100℃, a: 에탄올, b: 수증기 ② (가) 에탄올과 물, (나) 에탄올과 물, (다) 물, (라) 물 ③ (라) 5. ③ 6. ④

9장 1. ① $CuCl_2 \rightarrow Cu^{2+} + 2Cl^-$ ② $ZnSO_4 \rightarrow Zn^{2+} + SO_4^{2-}$ ③ $Ca(OH)_2 \rightarrow Ca^{2+} + 2OH^-$ ④ $(NH_4)_3PO_3 \rightarrow 3NH_4^+ + PO_3^{3-}$ 2. ③ 3. ① > ③ > ②, 소금은 강전해질, 설탕은 비전해질, 아세트산 수용액은 약전해질이다. 따라서 전류의 세기는 강전해질 > 약전해질 > 비전해질 순이다. 4. ④ 5. ① NaCl 수용액: Na^+, Cl^-, $AgNO_3$ 수용액: Ag^+, NO_3^- ② Na^+과 Cl^-, Na^+과 NO_3^-, Ag^+과 Cl^-, Ag^+과 NO_3^- ③ Na^+과 NO_3^-, Ag^+과 Cl^- ④ 있다, AgCl

찾아보기

+전하 197
−전하 197
1원소설 155
4원소설 156
α선 172
α입자 172-174
강전해질 301
건포도 푸딩 모형 171
고분자 화합물 262-263
고체 29-30, 36, 90
고체의 열팽창 143
공유결합 246, 254-259
구경꾼이온 310
구조식 244
균일혼합물 233-235, 282
금속결합 247, 260-261
금속류 218
기체 29-30, 36, 70, 74, 91
기체의 용해도 286-287
기화 42, 95-96
기화열 93
끓는점 274
끓는점 오름 현상 240
끓음 57-59
나홀로족 218
녹는점 271-272
농도 283
다원자이온 205, 303

단순증류 277
단원자분자 25
대류 123, 128-129
도체 126, 297
돌턴 163, 165
동위원소 179
라부아지에 162
러더퍼드 172
물리적 변화 32-34
물질 21, 29, 32, 160, 231-232
물체 21
바이메탈 144
베르셀리우스 165
보어 180
보어의 전자껍질 208
보일 160
보일의 법칙 71
복사 123, 129-130
부도체 126, 297
분별증류 277-278
분자 22-25, 35, 60, 117, 258
분자 간 결합 상태 35
분자식 242, 251
분자의 운동 에너지 117, 132
불균일혼합물 233-235
불꽃 반응 288-289
불연속설 158
불포화용액 282

불확정성의 원리 184
브라운 운동 62
비금속류 218-219
비열 134-137, 139, 141
비활성 기체 210, 218-219
빅뱅 133
삼중결합 257
삼중점 48
상태 변화 38, 104, 108, 275
상평형 47-48
상평형 그림 47-48
샤를의 법칙 75
선팽창계수 143
세기 성질 269-270
순물질 232-233
승화 43, 97, 102
승화열 93
시성식 244
실험식 243, 251
알짜이온 310
알짜이온 반응식 311
압력 64-67, 70
앙금 308, 312
액체 29-30, 36, 91
액체의 열팽창 145
액화 42, 100-101
액화열 93
액화점 274

찾아보기 **319**

약전해질 301
양성자 174, 177-179, 197
양이온 203, 205, 309
어는점 271-272
어는점 내림 현상 239
여덟전자법칙 182
연금술 157
연속설 158, 161
열 119
열량 134-138
열소 88
열에너지 87, 90, 104, 108, 117, 132
열용량 138-141
열전도도 126-127
열팽창 78-80, 142
열평형 상태 121
오비탈 184-185
오행설 157
옥텟규칙 182
용액 282
용질 41
용해 41, 281
용해도 283, 299
원소 22, 231
원소 기호 165-166
원자 22-25, 163-164, 197, 201
원자량 165, 187

원자핵 174, 197, 213
원자핵의 질량 198
융해 40-41, 94-95
융해열 93
음극선 169
음극선 실험 169
음이온 203, 205, 309
응고 40, 101
응고열 93
이상기체 76
이온 204
이온결합 246, 248-253
이중결합 257
이온화 과정 304-307
이온화식 306-307
이온화합물 298
입자설 161-162
잠열 107
전기 저항 49
전도 123-126
전자 169, 197, 213, 295
전자 배치도 186, 209, 214-215
전자구름 모형 184
전자껍질 213, 297
전자껍질 이론 180-181
전하량 198
전해질 295, 297, 302, 314-315

족 187, 220
주기 187, 220
주기율표 187, 220
중성자 176-177-179, 197
증류 277
증발 57-59
질량수 177
채드윅 176
초전도 50
초전도체 49-50
최외각전자 213, 220, 248
크기 성질 269-270
탈레스 155
톰슨 169
포화용액 282
플라즈마 50-51
하이젠베르크 184
핵력 189-190
핵분열 189-191
행성 모형 175
현열 107
혼합물 232, 236-239
홑원소 물질 233
화학 20-21
화학식 242, 251
화학적 변화 33-34
화합물 233, 236-238
확산 60-63